もくじ・学習記録表

「実力完成テスト」の得点を記録し，弱点分野を発見しましょう。

別冊は，本冊と軽くのりづけされていますので，はずしてお使いください。

1 日目 正の数・負の数

正の数・負の数の意味や大小，加・減・乗・除の計算のしかた，素因数分解を学習します。負の数の累乗や計算の順序など，ミスポイントに注意しましょう。

基礎の確認

（解答▶別冊 p.2）

1 正の数・負の数と絶対値

1 次の数を，正の符号，負の符号を使って表しなさい。

(1) 0より7小さい数 〔　　〕　(2) 0より3大きい数 〔　　〕

(3) 0より3.5大きい数 〔　　〕　(4) 0より$\frac{2}{3}$小さい数 〔　　〕

2 次の数を，下の数直線上に表しなさい。

(1) $+2$　(2) -3　(3) -1.5　(4) $+\frac{7}{2}$

−4　−3　−2　−1　0　1　2　3　4

3 次の数の絶対値を答えなさい。

(1) -6 〔　　〕　(2) $+14$ 〔　　〕

(3) $+9.8$ 〔　　〕　(4) $-\frac{4}{5}$ 〔　　〕

2 正の数・負の数の大小

▶次の各組の数の大小を，不等号を使って表しなさい。

(1) $+5$, -7 〔　　〕　(2) -3, 0 〔　　〕

(3) -5, -3 〔　　〕　(4) -3.3, 0, -2.4 〔　　〕

3 正の数・負の数の加法

▶次の計算をしなさい。

(1) $(+2)+(+5)$ 〔　　〕　(2) $(-6)+(-4)$ 〔　　〕

(3) $(+7)+(-3)$ 〔　　〕　(4) $(-8)+(+9)$ 〔　　〕

---

1 正の数・負の数と絶対値

・正の数…0より大きい数を正の数という。正の数は**正の符号＋**をつけて表す。

・負の数…0より小さい数を負の数という。負の数は**負の符号－**をつけて表す。

・絶対値…数直線上で，ある数に対応する点と**原点**との**距離**。

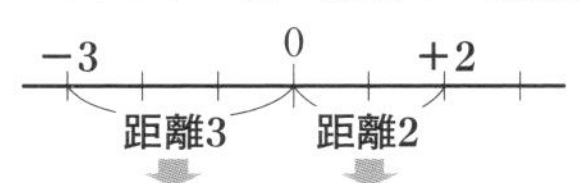

絶対値とは，正の数・負の数から**符号をとりさったもの**と考えてよい。

確認 数を数直線上に表したとき，**右にある数ほど大きい**。

2 正の数・負の数の大小

・**(負の数)＜0＜(正の数)**

・正の数どうしでは，絶対値が大きいほど大きい。

・負の数どうしでは，絶対値が大きいほど小さい。

確認 不等号

数の大小を表す記号＜，＞を不等号という。

3 正の数・負の数の加法

①**同符号の2数の和**⇨**絶対値の和に共通の符号をつける。**

②**異符号の2数の和**⇨**絶対値の差に絶対値の大きいほうの符号をつける。**

❹ 正の数・負の数の減法，加減の混じった計算

▶次の計算をしなさい。

(1) $(-5)-(+1)$ 〔　　　〕

(2) $(+6)-(-7)$ 〔　　　〕

(3) $(+14)-(+5)$ 〔　　　〕

(4) $-4+12+5-9$ 〔　　　〕

❺ 正の数・負の数の乗法・除法

▶次の計算をしなさい。

(1) $(+2)\times(+3)$ 〔　　　〕

(2) $(-3)\times(-4)$ 〔　　　〕

(3) $(+3)\times(-5)$ 〔　　　〕

(4) $(+4)\div(+2)$ 〔　　　〕

(5) $(-9)\div(-3)$ 〔　　　〕

(6) $(-16)\div(+4)$ 〔　　　〕

❻ 累乗，乗除の混じった計算

▶次の計算をしなさい。

(1) $(-2)^2$ 〔　　　〕

(2) $(-1)^3$ 〔　　　〕

(3) $-2^2\times(-3)\div4$ 〔　　　〕

(4) $-6\div\frac{3}{2}\times(-$[illegible] 〔　　　〕

❼ 四則の混じった計算

▶次の計算をしなさい。

(1) $2+3\times(-4)$ 〔　　　〕

(2) [illegible] $8\div(-2)$ 〔　　　〕

(3) $-5+(3-4)\times4$ 〔　　　〕

(4) $8+(-20)\div(-2)^2$ 〔　　　〕

❽ 素因数分解

▶次の数を素因数分解しなさい。

(1) 42 〔42＝　　　〕

(2) 225 〔225＝　　　〕

---

❹ 正の数・負の数の減法，加減の混じった計算

●**正の数・負の数の減法**

⇨ひく数の符号を変えて，**加法に直して計算**する。

● **3つ以上の数の加法**⇨まず，**正の項どうし，負の項どうしの和**を別々に求める。

❺ 正の数・負の数の乗法・除法

①**同符号の2数の積・商**

⇨絶対値の積・商に**正の符号＋**をつける。

②**異符号の2数の積・商**

⇨絶対値の積・商に**負の符号－**をつける。

❻ 累乗，乗除の混じった計算

● **3つ以上の数の積・商**

⇨絶対値の積・商に，

・**負の数が偶数個**

⇨＋をつける

・**負の数が奇数個**

⇨－をつける

ミス注意 **累乗の指数の位置に注意する。**

$(-2)^3=(-2)\times(-2)\times(-2)$

$-4^2=-(4\times4)$

●**分数でわる計算**⇨わる数の**逆数**をかけて，**乗法に直す**。

確認 **逆数の作り方**

数を真分数か仮分数の形にし，**分母と分子を入れかえる**。

$-\frac{2}{3}$の逆数⇨ $-\frac{3}{2}$

符号はそのまま

❼ 四則の混じった計算

●**かっこの中・累乗⇨乗除**

⇨**加減**の順に計算する。

❽ 素因数分解

●**素因数分解**…自然数を**素数だけの積**で表すこと。

例　$60=2\times2\times3\times5$

$=2^2\times3\times5$

1日目　2日目　3日目　4日目　5日目　6日目　7日目　8日目　9日目　10日目

実力完成テスト

＊解答と解説…別冊 p.2
＊時　間………20分
＊配　点………100点満点

得点　　　　点

1 次の問いに答えなさい。

〈(1) 2点×2，(2) 4点〉

(1) 次の各組の数の大小を，不等号(ふとうごう)を使って表せ。

① $-2.5,\ 0,\ -\frac{3}{2}$

② $\frac{3}{4},\ -\frac{5}{4},\ -\frac{5}{3}$

(2) 絶対値(ぜったいち)が3以下の整数をすべて答えよ。

2 次の計算をしなさい。

〈3点×6〉

(1) $(-6)+(-8)$

(2) $15+(-15)$

(3) $-9-(-5)$

(4) $-6-(+19)$

(5) $5+(-8)-(-9)$

(6) $3-5+12-15$

3 次の計算をしなさい。

〈3点×6〉

(1) $20\times(-15)$

(2) $\left(-\frac{2}{3}\right)\times(-6)$

(3) $4\times\left(-\frac{3}{8}\right)$

(4) $(-36)\div(-4)$

(5) $18\div\left(-\frac{2}{3}\right)$

(6) $-\frac{3}{5}\div0.6$

4 次の計算をしなさい。 〈4点×4〉

(1) $(-4)\times3\times(-2)$

(2) $(-5)\times(-2)\times(-4)$

(3) $18\div(-6)\times(-3)$

(4) $\frac{5}{12}\div\frac{3}{10}\div\left(-\frac{5}{6}\right)$

5 次の計算をしなさい。 〈5点×4〉

(1) $5\times(-2)^2$

(2) $-2^2\div(-4)$

(3) $(-6)^2\div9\times2$

(4) $-\frac{3}{10}\div\frac{4}{5}\times\left(-\frac{2}{3}\right)^2$

6 次の計算をしなさい。 〈5点×2〉

(1) $(-7)\times3-(-8)\div4$

(2) $-5+(3-8)^2\times4$

7 次の問いに答えなさい。 〈5点×2〉

(1) 1764を素因数分解(そいんすうぶんかい)せよ。

1764＝

(2) 2160にできるだけ小さい自然数(しぜんすう)をかけて，ある整数の2乗になるようにしたい。どんな数をかければよいか。

1日目 2日目 3日目 4日目 5日目 6日目 7日目 8日目 9日目 10日目

式と計算

2日目

文字を使った式の表し方や文字式の計算のしかたを学習します。係数，項，単項式，多項式などの用語の意味も重要です。しっかり理解しましょう。

基礎の確認

（解答▶別冊 p.3）

① 文字式の表し方

1 次の式を，×や÷の記号を使わないで表しなさい。

(1) $a\times5\times b$ 〔　　〕

(2) $2\times x\div5$ 〔　　〕

(3) $3\times x-y\times2\times y$ 〔　　〕

(4) $(x-3)\div4$ 〔　　〕

2 次の数量を，文字を使った式で表しなさい。

(1) 1本50円のボールペンを a 本，1本80円のマーカーペンを b 本買ったときの代金の合計 〔　　〕

(2) 時速 $x$km で4時間走ったときに進んだ道のり 〔　　〕

(3) 定価 x 円の品物を，定価の2割引で買ったときの代金 〔　　〕

② 単項式の加減

▶次の計算をしなさい。

(1) $3x+2x$ 〔　　〕

(2) $5a-4a$ 〔　　〕

(3) $3a-6a$ 〔　　〕

(4) $2x-7x+4x$ 〔　　〕

---

① 文字式の表し方

①文字の混じった乗法では，**×の記号ははぶく。**

②文字と数の積では，**数を文字の前に書く。**

③文字の混じった除法では，÷の記号を使わずに，**分数の形で書く。**

④同じ文字の積は，**累乗の指数**を使って表す。

確認 そのほかの表し方

・文字と文字の積では，ふつう**アルファベット順**に書く。

・1や−1と文字の積は**1を省略**する。

例 $1\times a=a$

$(-1)\times a=-a$

・負の数と文字の積は，かっこをつけないで書く。

例 $a\times(-2)=-2a$

●割合の表し方

・a %…$\frac{a}{100}$　・b 割…$\frac{b}{10}$

② 単項式の加減

・**単項式**…項が1つだけの式。

・**係数**…単項式の，文字にかけ合わされている数の部分。

例 単項式 $-3x$ は $(-3)\times x$ だから，$-3x$ の係数は -3

●同類項のまとめ方 文字の部分が同じ項(**同類項**)は係数どうしの和に共通の文字をつけて簡単にすることができる。

例 $2x+3x=(2+3)x=5x$

③ 単項式の乗除，乗除の混じった計算

▶次の計算をしなさい。

(1) $2x\times(-3)$ 〔　　　〕

(2) $6x\div2$ 〔　　　〕

(3) $4a\times3b$ 〔　　　〕

(4) $-5x\times(-4x)$ 〔　　　〕

(5) $8xy\div(-2y)$ 〔　　　〕

(6) $2ab\div a^2b\times b$ 〔　　　〕

④ 多項式の加減

▶次の計算をしなさい。

(1) $6x+(2x-3)$ 〔　　　〕

(2) $(a-b)-(2a-b)$ 〔　　　〕

(3) $-(2a+b)+(a-3b)$ 〔　　　〕

(4) $-(x+3y)-(2x-5y)$ 〔　　　〕

⑤ 数×多項式・多項式÷数，(数×多項式)の加減

▶次の計算をしなさい。

(1) $2(x-3y)$ 〔　　　〕

(2) $(4a-12b)\div4$ 〔　　　〕

(3) $5y-2(x-3y)$ 〔　　　〕

(4) $3(a-2b)-2(4a+b)$ 〔　　　〕

⑥ 式の値

▶$x=5$，$y=-2$ のとき，$x-3y-(2x-5y)$ の値を求めなさい。

〔　　　〕

③ 単項式の乗除，乗除の混じった計算

・**単項式の乗法**⇨係数どうし，文字どうしをそれぞれかける。

・**単項式の除法**⇨

①わられる式を分子に，わる式を分母にして約分する。

②わる式の逆数をかける形にして計算する。

・**乗除の混じった計算**⇨わる式の逆数をかける計算に直し，1つの分数の形にして約分する。

確認 符号の決め方

・**負の数が偶数個⇨符号は＋**

・**負の数が奇数個⇨符号は－**

④ 多項式の加減

・**多項式**…項が2つ以上の式。

確認 かっこのはずし方

・＋(　　)⇨そのままはずす

・－(　　)⇨(　)の中の**各項の符号を変えて**はずす

ミス注意 後ろの項の符号を変えるのを忘れやすい。

例 $(a+b)-(2a-3b)$

$=a+b-2a\times3b$

⑤ 数×多項式・多項式÷数，(数×多項式)の加減

確認 分配法則

$a(b+c)=ab+ac$

$(a+b)c=ac+bc$

⑥ 式の値

・**代入**…式の中の文字を数でおきかえること。

・**式の値**…代入して計算した結果。式の値を求めるとき，**式はできるだけ簡単にしてから数を代入する。**

ミス注意 **負の数を代入するときは，(　)をつけて代入する。**

実力完成テスト

＊解答と解説…別冊 p.3
＊時　間………20分
＊配　点………100点満点

得点　　　　点

1 次の数量を，文字を使った式で表しなさい。〈４点×４〉

(1) 十の位の数が a，一の位の数が b の２けたの整数

(2) 数学の得点が x 点，国語の得点が y 点，英語の得点が80点のときの，３教科の平均点

(3) $x$km の道のりを時速 $y$km で４時間進んだときの残りの道のり

(4) 濃度(のうど)が a%の食塩水 bg 中にふくまれる食塩の重さ

2 次の計算をしなさい。〈４点×６〉

(1) $8a+2a$

(2) $4x-6x+3x$

(3) $2m+7n-4m+2n$

(4) $5x-3+3x+5$

(5) $\frac{2}{3}x+\frac{1}{2}y-\frac{1}{2}x+\frac{1}{3}y$

(6) $0.5a-2b+a+0.4b$

3 次の計算をしなさい。 〈4点×4〉

(1) $(-3x)\times(-5y)$

(2) $(-2a)^2$

(3) $12xy\div(-4x)$

(4) $2ab\div\frac{1}{4}a\div(-b)$

4 次の計算をしなさい。 〈4点×8〉

(1) $-2(2a-5)$

(2) $(20x+8y)\div(-4)$

(3) $3a-2(2a-1)$

(4) $x-4y-3(-x+2y)$

(5) $3(x-3y)-2(4x+5y)$

(6) $2(a+b)-(9a+6b)\div3$

(7) $a-\frac{a-2b}{2}$

(8) $\frac{x+y}{2}-\frac{x-y}{3}$

5 次の式の値を求めなさい。 〈6点×2〉

(1) $a=-2$, $b=3$ のとき, $3(a-2b)-(4a-7b)$ の値

(2) $x=8$, $y=-6$ のとき, $2x^2\div3xy^2\times(-y)^3$ の値

方程式

文字が1種類だけの1次方程式の解き方を学習します。方程式の解法にはパターンがあります。解法のパターンをしっかり理解しましょう。

基礎の確認

（解答▶別冊 p.4）

❶ 不等式

▶63円切手を x 枚，84円切手を y 枚買って，600円渡すとおつりがもらえた。この関係を不等号を使って不等式に表しなさい。

〔　　　　〕

❷ 方程式とその解

▶次の方程式のうち，解が $x=2$ であるものをすべて選び，ア～エの記号で答えなさい。

ア．$x-8=6$　　イ．$7+x=9$

ウ．$x-5=3+2x$　　エ．$3x-2=2+x$

〔　　　　〕

❸ 等式の性質と移項

▶次の〔　〕にあてはまる数を書き入れなさい。

(1) $x-8=2$

$x-8+$〔ア　〕$=2+$〔イ　〕

$x=$〔ウ　〕

(2) $x+5=3$

$x+5-$〔ア　〕$=3-$〔イ　〕

$x=$〔ウ　〕

(3) $\frac{1}{2}x=7$

$\frac{1}{2}x\times$〔ア　〕$=7\times$〔イ　〕

$x=$〔ウ　〕

(4) $4x=12$

$4x\div$〔ア　〕$=12\div$〔イ　〕

$x=$〔ウ　〕

---

❶ 不等式

・**不等式**…2つの数量の間の大小関係を不等号を使って表した式。

❷ 方程式とその解

・**方程式**…式の中の文字に特別な値を代入すると成り立つ等式。

・**解**…方程式を成り立たせる文字の値。

確認 方程式の解を求めることを**方程式を解く**という。

❸ 等式の性質と移項

●**等式の性質**

$A=B$ ならば，

① $A+C=B+C$
　両辺に同じ数をたしても，等式は成り立つ。

② $A-C=B-C$
　両辺から同じ数をひいても，等式は成り立つ。

③ $A\times C=B\times C$
　両辺に同じ数をかけても，等式は成り立つ。

④ $A\div C=B\div C\ (C\neq 0)$
　両辺を同じ数でわっても，等式は成り立つ。

確認 等式の性質に，

⑤ $A=B$ ならば，$B=A$
　等式の両辺を入れかえても，等式は成り立つ。

を入れる場合もある。

・**移項**…等式の一方の辺にある項は，その項の符号を変えて他方の辺に移すことができる。このことを**移項**という。

例　$x+3=4$
　　移項
　　$x=4-3$

❹ 1 次方程式の解き方

▶次の方程式を解きなさい。

(1)　$x-5=6$　〔　　　　〕

(2)　$3x=6+2x$　〔　　　　〕

(3)　$5x-2=2x+10$　〔　　　　〕

(4)　$2x+3=3x+7$　〔　　　　〕

❺ いろいろな 1 次方程式の解き方

▶次の方程式を解きなさい。

(1)　$3(x-1)-2=1$　〔　　　　〕

(2)　$\frac{1}{2}x-5=\frac{1}{3}x-4$　〔　　　　〕

(3)　$0.2x+1=0.5x+0.4$　〔　　　　〕

❻ 1 次方程式の利用

▶ある数に18をたした数は，ある数を 3 倍した数より 4 小さいという。この数について，次の問いに答えなさい。

(1)　ある数を x として，方程式をつくれ。　〔　　　　〕

(2)　ある数を求めよ。　〔　　　　〕

❼ 比と比例式

▶次の比例式(ひれいしき)で，x の値を求めなさい。

(1)　$x:15=3:5$　〔　　　　〕

(2)　$7:4=x:12$　〔　　　　〕

---

❹ 1 次方程式の解き方

●解法の手順

①文字の項を左辺に，数の項を右辺に移項する。

② $ax=b$ の形に整理する。

③両辺を x の係数 a でわる。

ミス注意 **移項するとき符号を変えるのを忘れないこと！**

❺ いろいろな 1 次方程式の解き方

●かっこのある方程式

分配法則を利用して，まず，かっこをはずす。

確認 分配法則

$a(b+c)=ab+ac$

$a(b-c)=ab-ac$

ミス注意 かっこの中のうしろの項にかけるのを忘れやすい。

例　$-2(x+1)=-2x$~~+1~~

$-2(x+1)=-2x$~~+~~2 とする符号のミスにも注意！

●係数に分数がある方程式

両辺に分母の最小公倍数をかけ，分母をはらう。

・**最小公倍数の求め方**

例　2 と 3 の最小公倍数

3 の倍数である 3，6，9，…のうち，2 でわりきれる最小の数 6 が，2 と 3 の最小公倍数。

●係数に小数がある方程式

両辺に10，100，…をかけて，まず，係数(けいすう)を整数に直す。

ミス注意 **整数の係数や数の項にもかけるのを忘れないこと！**

❻ 1 次方程式の利用

●応用問題の解法手順

①何を x とするかを決める。

②問題文にしたがって方程式をつくる。

③方程式を解く。

④解が，問題にあてはまるかどうかを確かめる。

❼ 比と比例式

確認 比の性質

$a:b=c:d$ ならば，$ad=bc$

実力完成テスト

＊解答と解説…別冊 p.4
＊時 間………20分
＊配 点………100点満点

得点 点

1 次の数量の間の関係を，不等号（ふとうごう）を使って不等式（ふとうしき）に表しなさい。 〈4点×2〉

(1) x の2倍は，y に12を加えたものより小さい。

(2) a kmの道のりを毎時 b kmの速さで歩いたら，3時間以上かかった。

2 次の方程式（ほうていしき）を解（と）きなさい。 〈5点×4〉

(1) $2x-5=3x$

(2) $3x-1=5x+17$

(3) $16x+7=4x-29$

(4) $3x-8=-7x-6$

3 次の方程式を解きなさい。 〈5点×4〉

(1) $2-(x+4)=5$

(2) $3(x+2)-2=13$

(3) $2(x-3)=3(8-x)$

(4) $2(2x-3)-5(x+1)=3$

4 次の方程式を解きなさい。 〈5点×4〉

(1) $\frac{3}{5}x-\frac{4}{3}=\frac{2}{5}-x$

(2) $\frac{x+5}{2}-\frac{x+1}{3}=4$

(3) $0.2x-0.6=0.4x+3$

(4) $0.5(x-1)=0.25x+1$

5 次の比例式で，x の値を求めなさい。 〈5点×2〉

(1) $x:6=10:18$

(2) $9:4=27:(x-8)$

6 次の問いに答えなさい。 〈5点×2〉

(1) x についての1次方程式 $x+3=4x-a$ の解(かい)が $x=6$ であるとき，a の値を求めよ。

(2) x についての1次方程式 $a(x-5)=a-x$ の解が $x=9$ であるとき，a の値を求めよ。

7 次の問いに答えなさい。 〈6点×2〉

(1) 男子4人と女子6人の，合わせて10人の身長の平均は156cmで，男子4人の身長の平均は女子6人の身長の平均より5cm高いという。女子6人の身長の平均は何cmか求めよ。

(2) A町からB町まで時速10kmの自転車で行くと，時速4kmで歩いて行くより1時間早く着くという。A町からB町までの道のりを求めよ。

4 日目 連立方程式

連立方程式を解くには加減法か代入法を使って 1 つの文字を消去します。どちらの方法も使いこなして，解法を確実にマスターしましょう。

基礎の確認

（解答▶別冊 p.5）

❶ 連立方程式の解

▶次の x，y の値の組のうち，連立方程式 $\begin{cases} x-y=5 \\ 2x+y=1 \end{cases}$ の解であるものを選び，ア～ウの記号で答えなさい。

ア．$x=2$，$y=-1$

イ．$x=1$，$y=-4$

ウ．$x=2$，$y=-3$

〔　　　　　〕

❷ 等式の変形

▶次の式を，［　］の中の文字について解きなさい。

(1)　$\ell=2\pi r$　　［r］

〔　　　　　〕

(2)　$x=4-2y$　　［y］

〔　　　　　〕

❸ 連立方程式の解き方▷加減法

▶次の〔　　〕にあてはまる数や式を書きなさい。

(1)　連立方程式 $\begin{cases} x+y=8 & \cdots① \\ x-2y=2 & \cdots② \end{cases}$ を解く。

①－②より，

$$\begin{array}{rr} & x+y=8 \\ -) & x-2y=2 \\ \hline & 〔^{ア}\quad〕=6 \end{array}$$

$y=〔^{イ}\quad〕$　…③

③を①に代入して，$x+〔^{ウ}\quad〕=8$ より，$x=〔^{エ}\quad〕$

答　$x=〔^{オ}\quad〕$，$y=〔^{カ}\quad〕$

---

❶ 連立方程式の解

・2元1次方程式…$x-y=5$ のような，2つの文字を含む1次方程式。

確認 **2元1次方程式の解は無数にある。**

・連立方程式…2つ以上の方程式を組にしたもの。

・連立方程式の解…連立方程式のどの方程式も成り立たせるような文字の値の組。

くわしく 2元1次方程式を2つ組にした**連立方程式の解は，ふつう1組だけ**である。

❷ 等式の変形

・**ある文字について解く**…等式 $\ell=2\pi r$ を変形して，$r=\sim$ のような式を導くことを，「r について解く」という。

確認 等式をある文字について解くには，解く文字以外を数と見て，**等式の性質や移項を利用**し，方程式と同じように等式を変形する。

❸ 連立方程式の解き方▷加減法

●**連立方程式の解き方**

連立方程式を解くには，2つの方程式から1つの文字を消去して，1次方程式を導く。1つの文字を消去する方法には，**加減法**と**代入法**がある。

確認 x と y を含む連立方程式から，y を含まない1次方程式を導くことを「**y を消去する**」という。

(2) 連立方程式 $\begin{cases} x-2y=5 & \cdots① \\ 3x+y=1 & \cdots② \end{cases}$ を解く。

①＋②×2 より，　$x \quad -2y \quad =5$

+) $6x+$〔ア　　〕$=2$

〔イ　　〕　　$=7$

$x=$〔ウ　　〕　…③

③を①に代入して，〔エ　　〕$-2y=5$ より，$y=$〔オ　　〕

答 $x=$〔カ　　〕，$y=$〔キ　　〕

❹ 連立方程式の解き方 ▷ 代入法

▶次の〔　　〕にあてはまる数や式を書きなさい。

連立方程式 $\begin{cases} y=x+3 & \cdots① \\ x+2y=3 & \cdots② \end{cases}$ を解く。

①を②に代入して，$x+2($〔ア　　〕$)=3$

$x+2x+$〔イ　　〕$=3$

$3x=$〔ウ　　〕

$x=$〔エ　　〕　…③

③を①に代入して，$y=$〔オ　　〕$+3=$〔カ　　〕

答 $x=$〔キ　　〕，$y=$〔ク　　〕

❺ いろいろな連立方程式の解き方

▶次の〔　　〕にあてはまる数や式を書きなさい。

(1) 連立方程式 $\begin{cases} x-2(y-1)=1 & \cdots① \\ 3x-2y=5 & \cdots② \end{cases}$ を解く。

①のかっこをはずして整理すると，〔ア　　　　　〕$=-1$…③

③と②を連立方程式として解くと，

答 $x=$〔イ　　〕，$y=$〔ウ　　〕

(2) 連立方程式 $\begin{cases} 2x-y=4 & \cdots① \\ \dfrac{x}{3}-\dfrac{y}{2}=-4 & \cdots② \end{cases}$ を解く。

②の両辺に分母の最小公倍数をかけて分母をはらうと，

〔ア　　　　　〕$=-24$　…③

①と③を連立方程式として解くと，

答 $x=$〔イ　　〕，$y=$〔ウ　　〕

・**加減法**…2式の辺どうしを加えるかひくかして，1つの文字を消去する方法。

確認 文字の係数がそろっていない場合は，両辺を何倍かして，**1つの文字の係数の絶対値を最小公倍数**にそろえる。

ミス注意 **一方の文字の値だけを答えてはダメ！**

一方を求めたら，もとの連立方程式の，計算が簡単なほうの方程式に代入して，もう一方の文字の値も求める。

(参考)連立方程式の解の書き方

連立方程式の解の書き方は，

$x=2,\ y=3$

のような書き方のほかに，

$(x,\ y)=(2,\ 3)$

$\begin{cases} x=2 \\ y=3 \end{cases}$

のような書き方もある。

❹ 連立方程式の解き方 ▷代入法

・**代入法**…2式のうちの一方の式を他方の式に**代入して，1つの文字を消去する方法。**

●加減法と代入法の使い分け

代入法は，$x=\sim$または$y=\sim$の式がある場合に使うとよい。そのほかの場合は，加減法を使うとミスが少ない。

かっこなどがある複雑な連立方程式では，2つの式をともに，

$ax+by=c$

の形に整理して，加減法を使う。

❺ いろいろな連立方程式の解き方

●かっこのある方程式

分配法則を利用して，まず，かっこをはずす。

●係数に分数がある方程式

両辺に分母の最小公倍数をかけ，分母をはらう。

●係数に小数がある方程式

両辺に10，100，…をかけて，まず，係数を整数にする。

実力完成テスト

＊解答と解説…別冊 p.5
＊時　間………30分
＊配　点………100点満点

得点　　　点

1 次の連立方程式を解きなさい。〈5点×6〉

(1) $\begin{cases} 2x-y=5 \\ x+y=1 \end{cases}$

(2) $\begin{cases} x-3y=-1 \\ 2x+y=12 \end{cases}$

(3) $\begin{cases} 3x+y=6 \\ -x+3y=8 \end{cases}$

(4) $\begin{cases} 2x+3y=-1 \\ 5x-2y=-12 \end{cases}$

(5) $\begin{cases} 2x+3y=4 \\ y=x-7 \end{cases}$

(6) $\begin{cases} x=14-4y \\ 2x+y=7 \end{cases}$

2 次の連立方程式を解きなさい。〈5点×6〉

(1) $\begin{cases} x-2(x-2y)=-6 \\ 3x-2y=8 \end{cases}$

(2) $\begin{cases} 2x-y=6 \\ 2x-5(y-2)=0 \end{cases}$

(3) $\begin{cases} \dfrac{x}{2}+\dfrac{y}{3}=1 \\ 3x+y=15 \end{cases}$

(4) $\begin{cases} 3x+2y=12 \\ \dfrac{x}{2}-\dfrac{y-2}{5}=-4 \end{cases}$

(5) $\begin{cases} 0.2x+0.3y=2.2 \\ 0.4x-y=-2 \end{cases}$

(6) $\begin{cases} 0.75x-0.5(y-1)=2 \\ x+\dfrac{2}{3}y=14 \end{cases}$

3 次の問いに答えなさい。 〈8点×2〉

(1) 連立方程式 $\begin{cases} ax+by=8 \\ bx-ay=1 \end{cases}$ の解(かい)が $x=2$, $y=1$ であるとき，a, b の値を求めよ。

(2) 連立方程式 $\begin{cases} x+y=1 \\ ax-by=-5 \end{cases}$ と連立方程式 $\begin{cases} bx+ay=14 \\ 3x+2y=0 \end{cases}$ が同じ解をもつとき，a, b の値を求めよ。

4 次の問いに答えなさい。 〈8点×3〉

(1) 50円のクッキーと80円のクッキーを合わせて12枚買い，720円支払った。50円のクッキーと80円のクッキーを，それぞれ何枚ずつ買ったか求めよ。

50円のクッキー…　　　　　，80円のクッキー…

(2) 2けたの正の整数がある。十の位の数は一の位の数の3倍より1小さく，十の位の数と一の位の数を入れかえた数は，もとの数より45小さいという。もとの2けたの整数を求めよ。

(3) ある中学校の今年の入学者は156人で，昨年に比べると6人の増加である。男女別にみると男子は10%の減少，女子は20%の増加である。今年の男女別の入学者数を求めよ。

男子…　　　　　，女子…

比例・反比例

比例・反比例は，３年生まで続く「関数」の大切な基礎です。x が変化するとそれにともなって y も変化します。変化のしかたを押さえましょう。

基礎の確認

（解答▶別冊 p.6）

❶ 比例の関係・反比例の関係

▶次の表は，ともなって変わる２つの変数 x，y の関係を表したものである。y が x に比例するもの，y が x に反比例するものを**ア**～**ウ**の記号で答えなさい。また，その x と y の関係を式に表しなさい。

ア

x	…	−3	−2	−1	0	1	2	3	…
y	…	−6	−4	−2	0	2	4	6	…

イ

x	…	−6	−4	−2	0	2	4	6	…
y	…	−5	−4	0	2	4	6	8	…

ウ

x	…	−6	−3	−2	0	2	3	6	…
y	…	−1	−2	−3	×	3	2	1	…

比例するもの〔　　〕，式〔　　　　〕

反比例するもの〔　　〕，式〔　　　　〕

❷ 比例・反比例の式の求め方

▶次の問いに答えなさい。

(1) y は x に比例し，$x=2$ のとき $y=-6$ である。このとき，y を x の式で表せ。

〔　　　　〕

(2) y は x に反比例し，$x=3$ のとき $y=4$ である。このとき，y を x の式で表せ。

〔　　　　〕

---

❶ 比例の関係・反比例の関係

確認 関数

ともなって変わる２つの数量 x, y があって，**x の値を決めると，それに対応して y の値が１つに決まるとき，** y は x の関数であるという。

●**比例**　x と y の関係が $y=ax$（a は定数）と表せるとき，y は x に比例するという。

・**比例定数**…比例 $y=ax$ の定数 a を**比例定数**という。

・**比例の性質**…一方の値が２倍，３倍，…になると，他方の値も２倍，３倍，…になる。

●**反比例**　x と y の関係が $y=\frac{a}{x}$（a は定数）と表せるとき，y は x に反比例するという。

・**比例定数**…反比例 $y=\frac{a}{x}$ の定数 a を**比例定数**という。

・**反比例の性質**…一方の値が２倍，３倍，…になると，他方の値は $\frac{1}{2}$，$\frac{1}{3}$，…になる。

❷ 比例・反比例の式の求め方

●**比例の式の求め方**

y が x に比例するとき，

①式を $y=ax$ とおく。
②対応する x, y の値を代入する。
③比例定数 a の値を求める。

●**反比例の式の求め方**

y が x に反比例するとき，

①式を $y=\frac{a}{x}$ とおく。
②対応する x, y の値を代入する。
③比例定数 a の値を求める。

❸ 座 標

▶次の問いに答えなさい。

(1) 右の図の点A，Bの座標(ざひょう)を答えよ。

A〔　　　　　　〕

B〔　　　　　　〕

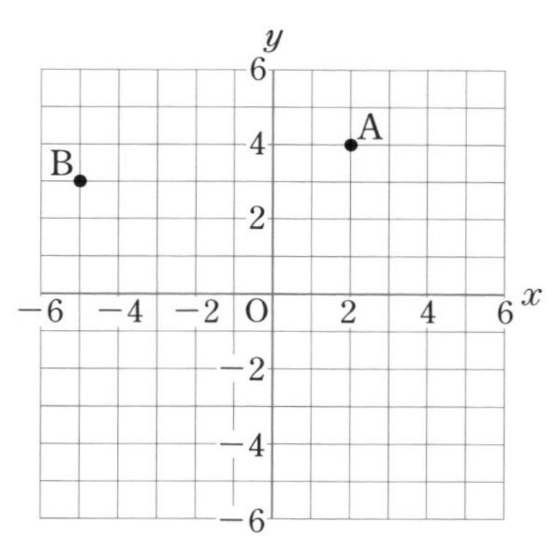

(2) 次の点を，右の図にかき入れよ。

点C(3, −2)

点D(−4, −3)

❹ 比例のグラフ

▶次の問いに答えなさい。

(1) 右の図の直線 ℓ は比例のグラフで，原点と点(2, −4)を通っている。

このグラフの式を求めよ。

〔　　　　　　〕

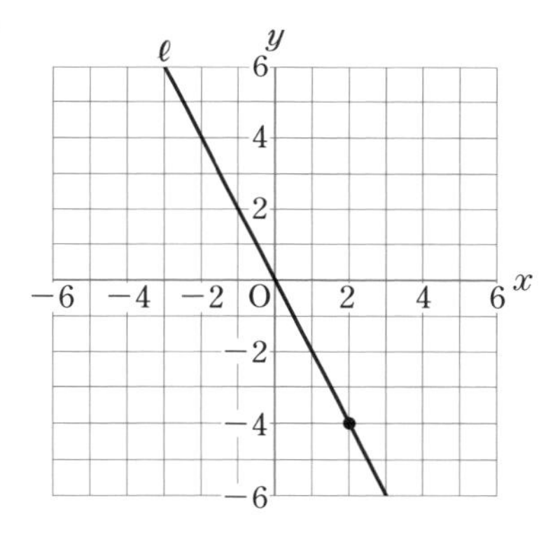

(2) 比例 $y=\frac{1}{2}x$ のグラフを，右の図にかき入れよ。

❺ 反比例のグラフ

▶下の3つのグラフのうち，$y=-\frac{2}{x}$ のグラフであるものを選び，**ア〜ウ**の記号で答えなさい。

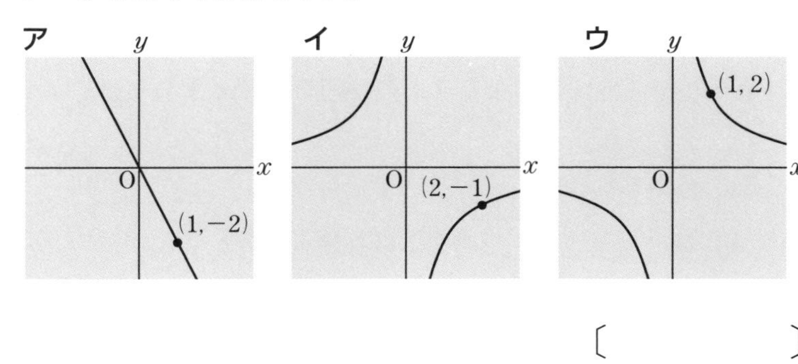

〔　　　　　　〕

❸ 座 標

下の図のように点Oで垂直に交わる2つの数直線を考え，点Pの座標を(3, 4)，点Qの座標を(−5, −3)のように表す。

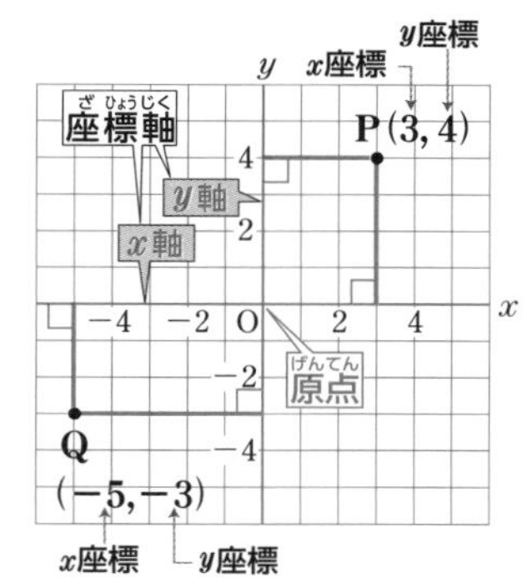

❹ 比例のグラフ

確認 比例のグラフ

⇨原点を通る**直線**

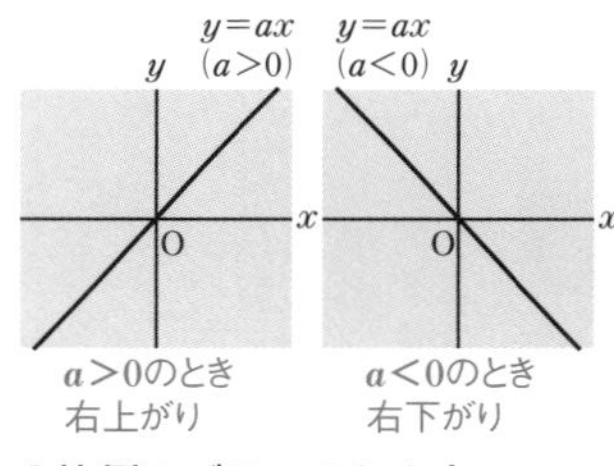

$a>0$のとき 右上がり　　$a<0$のとき 右下がり

●**比例のグラフのかき方**

グラフが通る1つの点を求め，その点と原点を通る直線をひく。

●**変域**　変数のとりうる値の範囲(はんい)を変域(へんいき)という。変域はふつう不等号(ふとうごう)を使って，次のように表す。

・xは3**以上**⇨　$x \geqq 3$

・xは3**以下**⇨　$x \leqq 3$

・xは3**より大きい**⇨　$x>3$

・xは3**未満**⇨　$x<3$

・xは3**以上**6**未満**⇨　$3 \leqq x<6$

❺ 反比例のグラフ

確認 反比例のグラフ

⇨**双曲線**(そうきょくせん)

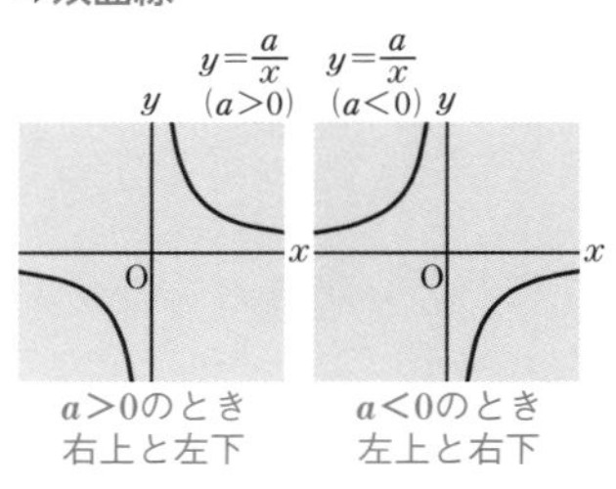

$a>0$のとき 右上と左下　　$a<0$のとき 左上と右下

実力完成テスト

＊解答と解説…別冊 p.6
＊時　間………20分
＊配　点………100点満点

得点　　　　点

1 次の問いに答えなさい。 〈5点×4〉

(1) y は x に比例（ひれい）し，$x=3$ のとき $y=-2$ である。
このとき，y を x の式で表せ。また，$x=-6$ のときの y の値を求めよ。

式…　　　　　　y の値…

(2) y は x に反比例（はんぴれい）し，$x=-3$ のとき $y=12$ である。
このとき，y を x の式で表せ。また，$x=6$ のときの y の値を求めよ。

式…　　　　　　y の値…

2 次の問いに答えなさい。 〈5点×5〉

(1) ある針金は太さが一定で，重さと長さは比例すると考えられる。この針金の重さと長さの関係を調べたら，右の表のようになった。

重さ(g)	18	108
長さ(m)	2	

① 重さを xg，長さを ym とするとき，y を x の式で表せ。

② 重さが108g のとき，長さは何 m と考えられるか。

(2) 毎分 5 L ずつ水を入れると18分でいっぱいになる水そうがある。

① この水そうには何 L の水がはいるか。

② 1分間に入れる水の量を xL，水そうがいっぱいになるまでの時間を y 分とするとき，y を x の式で表せ。

③ 10分間で水そうをいっぱいにするには，毎分何 L ずつ水を入れればよいか。

3 次の問いに答えなさい。

《(1) 4点，(2)〜(4) 6点×3，(5) 7点》

(1) 右の図の点Pの座標(ざひょう)を答えよ。

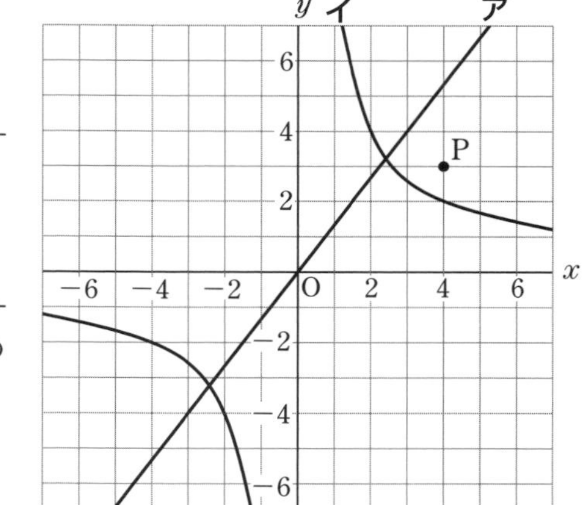

(2) 点Pを通る比例のグラフの式を求めよ。

(3) 右の図の直線**ア**は比例のグラフである。このグラフの式を求めよ。

(4) 右の図の曲線**イ**は反比例のグラフである。このグラフの式を求めよ。

(5) 比例 $y=-\frac{2}{3}x$ のグラフを，右上の図にかき入れよ。

4 右の図のような，縦4cm，横8cmの長方形ABCDがある。点Pは頂点Bを出発して頂点Cまで動く。BPの長さを $x$cm，△ABPの面積を $y$cm^2 とするとき，次の問いに答えなさい。

《(1)〜(3) 6点×3，(4) 8点》

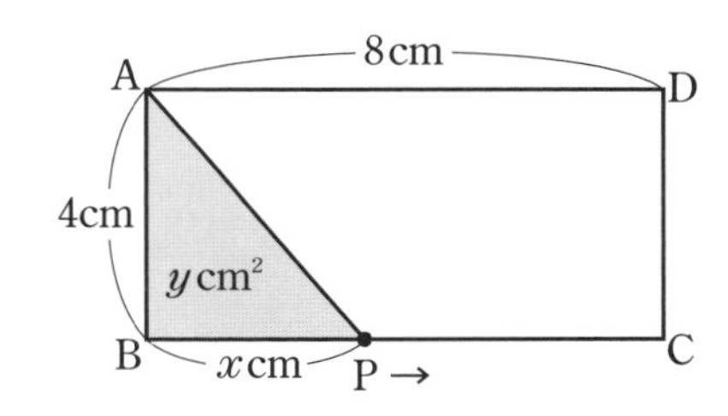

(1) x の変域を不等号(ふとうごう)を使って表せ。

(2) y を x の式で表せ。

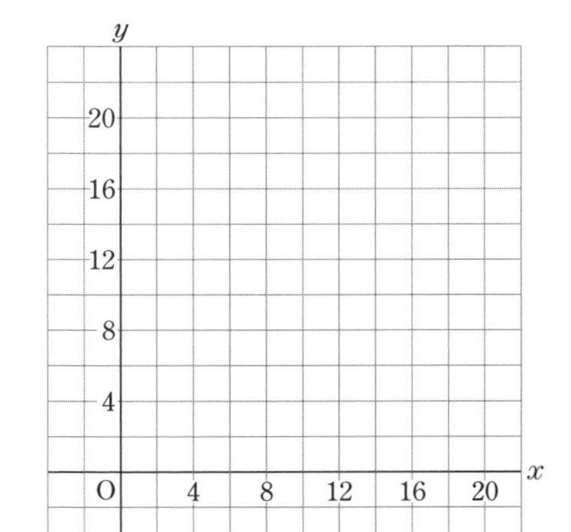

(3) △ABPの面積が12cm^2 になるのはBPの長さが何cmのときか。

(4) x と y の関係を表すグラフを，右の図にかき入れよ。ただし，変域(へんいき)以外の部分は点線にすること。

日目

1 次関数

1 次関数(じかんすう)のグラフは直線になります。また，2 元(げん) 1 次方程式(じほうていしき)のグラフも直線になります。直線の式の求め方は，確実にマスターしましょう。

基礎の確認

(解答▶別冊 p.7)

❶ 1 次関数の式

▶次のア～オの式で表される関数のうち，y が x の 1 次関数であるものをすべて答えなさい。

ア．$y=2x-1$　　イ．$y=\dfrac{1}{x}+2$

ウ．$y=-3x$　　エ．$x-2y=1$

オ．$xy=4$

〔　　　　〕

❷ 1 次関数の変化の割合

[1]関数 $y=3x-2$ について，次の問いに答えなさい。

(1)　$x=1$ のときの y の値を求めよ。

〔　　　　〕

(2)　x が 1 から 4 まで増加するときの y の増加量を求めよ。

〔　　　　〕

(3)　変化の割合を求めよ。

〔　　　　〕

[2]関数 $y=-2x+5$ について，次の問いに答えなさい。

(1)　変化の割合を求めよ。

〔　　　　〕

(2)　x の値が 4 だけ増加したときの y の増加量を求めよ。

〔　　　　〕

---

❶ 1 次関数の式

・1 次関数…y が x の 1 次式で表される関数。

・**1 次関数の式…$y=ax+b$**

(a，b は定数)

確認 比例 $y=ax$ は，1 次関数 $y=ax+b$ で，$b=0$ の場合である。

確認 式の次数

・**単項式(たんこうしき)の次数**…かけ合わされた文字の個数。

例　$2x$　⇦ 1 次式

xy　⇦ 2 次式

x^2　⇦ 2 次式

・**多項式(たこうしき)の次数**…各項の次数のうち最大のもの。

例　$2x+1$　⇦ 1 次式

$xy-2x$　⇦ 2 次式

x^2+x-2　⇦ 2 次式

❷ 1 次関数の変化の割合

・変化の割合…x の増加量に対する y の増加量の割合。

変化の割合＝$\dfrac{y\text{ の増加量}}{x\text{ の増加量}}$

確認 1 次関数の変化の割合

1 次関数 $y=ax+b$ の変化の割合は**一定**で，**x の係数(けいすう) a に等しい。**

$\dfrac{y\text{ の増加量}}{x\text{ の増加量}}=a$ より，

(y の増加量)＝a×(x の増加量)

の関係がある。

③ 1次関数のグラフ

▶関数 $y=\frac{1}{2}x-1$ について，次の問いに答えなさい。

(1) グラフの傾き（かたむ）と切片（せっぺん）を答えよ。

傾き…〔　　　　〕

切片…〔　　　　〕

(2) 右の図に，この関数のグラフをかけ。

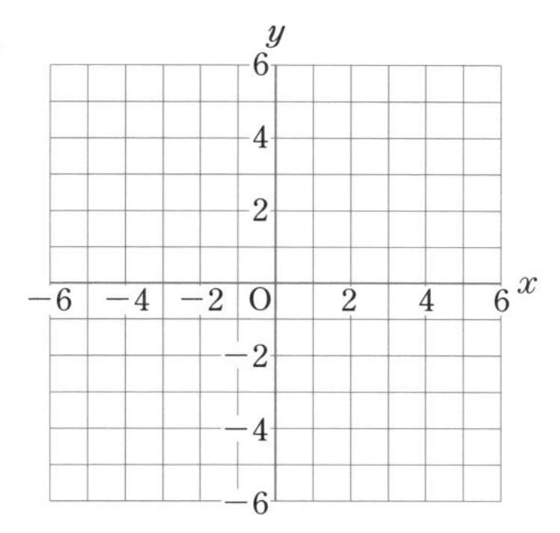

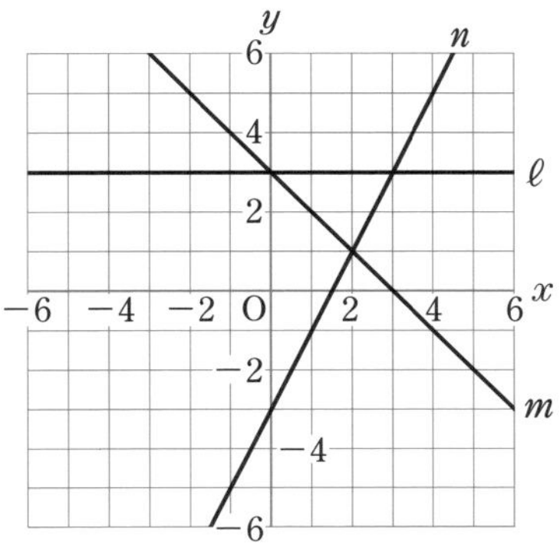

③ 1次関数のグラフ

● 1次関数 $y=ax+b$ のグラフ
⇨傾き a，切片 b の直線

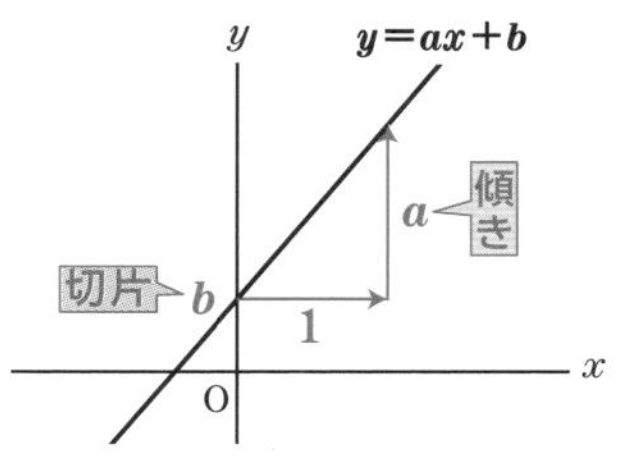

・傾き…x が1増加したときの y の増加量(変化の割合に等しい)。
・切片…グラフが y 軸（じく）と交わる点の y 座標。

④ 1次関数の式の求め方

▶次の1次関数の式を求めなさい。

(1) 変化の割合が3で，$x=0$ のとき $y=-2$ である。

〔　　　　〕

(2) 関数 $y=\frac{1}{2}x+5$ のグラフと平行で，$y=0$ のとき $x=4$ である。

〔　　　　〕

(3) グラフが2点(2, 1)，(−1, −2)を通る。

〔　　　　〕

④ 1次関数の式の求め方

●**傾きと通る1点の座標から求める**(または，変化の割合と1組の x，y の値から求める)
①式を $y=ax+b$ とおく。
②a に傾きの値を代入（だいにゅう）する。
③1点の座標（ざひょう）の値を代入して，b の値を求める。

●**通る2点の座標から求める**(または，2組の x，y の値から求める)
①式を $y=ax+b$ とおく。
②2点の座標の値を代入する。
③a，b についての連立方程式（れんりつほうていしき）を解（と）き，a，b の値を求める。

確認 **平行な2直線の傾きは等しい。**

⑤ 方程式とグラフ

▶次の問いに答えなさい。

(1) 右の図の直線 ℓ の式を求めよ。

〔　　　　〕

(2) 右の図で，直線 m，n の式はそれぞれ $x+y=3$，$2x-y=3$ である。

連立方程式 $\begin{cases} x+y=3 \\ 2x-y=3 \end{cases}$ の解を，グラフから求めよ。

〔　　　　〕

⑤ 方程式とグラフ

● **2元1次方程式 $ax+by=c$ のグラフ⇨直線**

● **$y=p$ のグラフ**⇨点(0, p)を通り，x 軸に平行な直線

● **$x=q$ のグラフ**⇨点(q, 0)を通り，y 軸に平行な直線

●**連立方程式の解**⇨それぞれの方程式のグラフの**交点の座標**

● **2直線の交点の座標**⇨2直線の式を連立方程式としたときの解

実力完成テスト

＊解答と解説…別冊 p.7
＊時　間………20分
＊配　点………100点満点

得点　　点

1 関数（かんすう）$y=-\frac{1}{2}x+3$ について，次の問いに答えなさい。〈6点×3〉

(1) $x=-8$ のときの y の値を求めよ。

(2) x の変域（へんいき）が $-4\leqq x\leqq 6$ のとき，y の変域を求めよ。

(3) x の増加量が10のときの y の増加量を求めよ。

2 次の１次関数の式を求めなさい。〈7点×3〉

(1) $x=5$ のとき $y=2$ で，変化の割合は $\frac{4}{5}$ である。

(2) グラフが，比例 $y=2x$ のグラフを y 軸（じく）の負の方向へ３だけ平行に移動した直線である。

(3) グラフが２点(3，4)，(2，−4)を通る。

3 容積が120Lの水そうに20Lの水がはいっている。この水そうに毎分４Lの水を入れるとき，次の問いに答えなさい。〈6点×2〉

(1) 水を入れ始めてからの時間を x 分，水そうの中の水の量を yL とする。水を入れ始めてから水そうがいっぱいになるまでの x と y の関係を式で表せ。

(2) 水そうが水でいっぱいになるのは，水を入れ始めてから何分後か。

4

右の図で，点A, Bはそれぞれ直線ℓとx軸，y軸との交点で，A(3，0)，B(0，4)である。

これについて，次の問いに答えなさい。〈7点×4〉

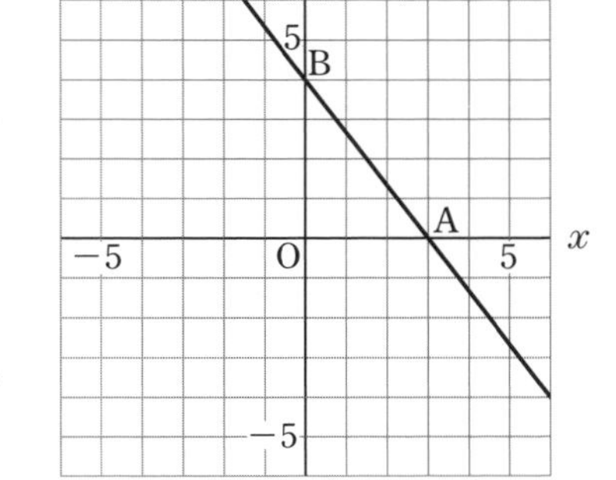

(1) 直線ℓの式を求めよ。

(2) 点Bを通り，△OABの面積を2等分する直線の式を求めよ。

(3) 右上の図に，方程式(ほうていしき) $4x-3y=9$ のグラフをかけ。

(4) 直線ℓと方程式 $4x-3y=9$ のグラフとの交点の座標(ざひょう)を求めよ。

5

右の図は，Aさんが家から12km離(はな)れたサッカー場まで自転車で行ったときのようすで，横軸は家を出発してからの時間(分)，縦軸は家からの道のり(km)を表している。

次の問いに答えなさい。〈7点×3〉

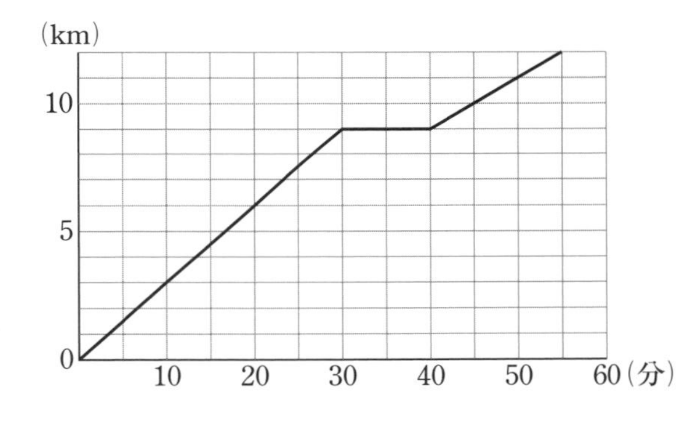

(1) Aさんは，途中(とちゅう)の公園でしばらく休んだ。休んだ時間の長さ(分)と，家から公園までの道のり(km)を答えよ。

休んだ時間…　　　　　　，家から公園までの道のり…

(2) 公園からサッカー場まで，Aさんは時速何kmで走ったか。

(3) Aさんが家を出発してから5分後に姉が時速24kmでAさんを追いかけた。姉がAさんに追いつくのは，家から何kmの地点か。

平面図形・空間図形

平面図形と空間図形の基礎的な部分を学習します。用語の意味から始まって，平面図形の面積，空間図形の表面積や体積まで幅広い内容です。

基礎の確認

（解答▶別冊 p.8）

❶ 基本の作図

▶右の△ABC について，次の作図をしなさい。

(1) 辺 BC の垂直二等分線

(2) ∠ABC の二等分線

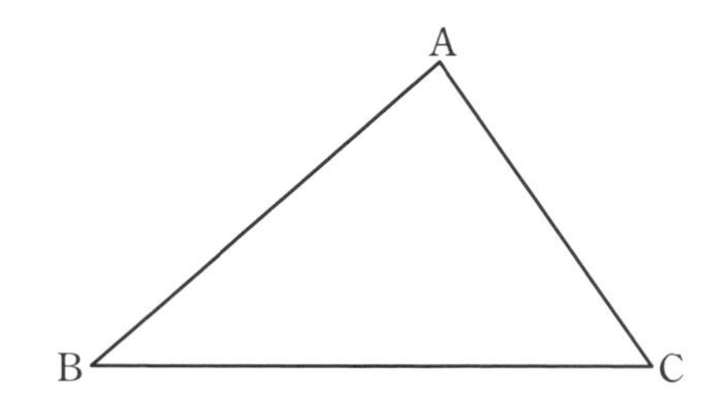

❷ 図形の移動

1 右の図の△ABC を，直線 ℓ を対称の軸として対称移動してできる△A′B′C′ をかきなさい。

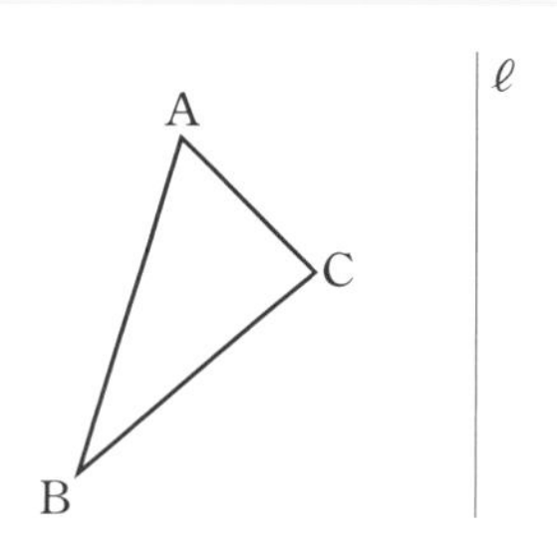

2 右の図の△ABC を，点Oを回転の中心として，時計回りに120° 回転移動してできる△A′B′C′ をかきなさい。

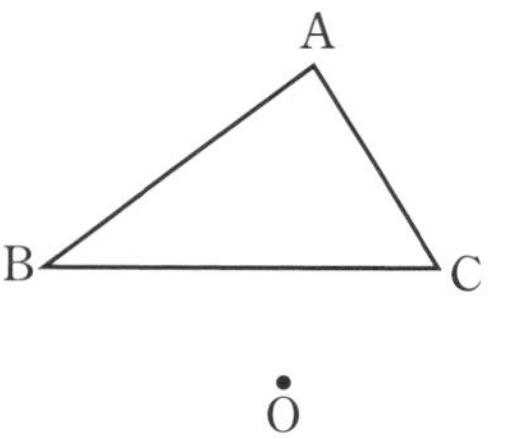

❸ おうぎ形の弧の長さと面積

▶右の図のようなおうぎ形の，弧の長さと面積を求めなさい。ただし，円周率は π とする。

弧の長さ…〔　　　　　〕

面積…〔　　　　　〕

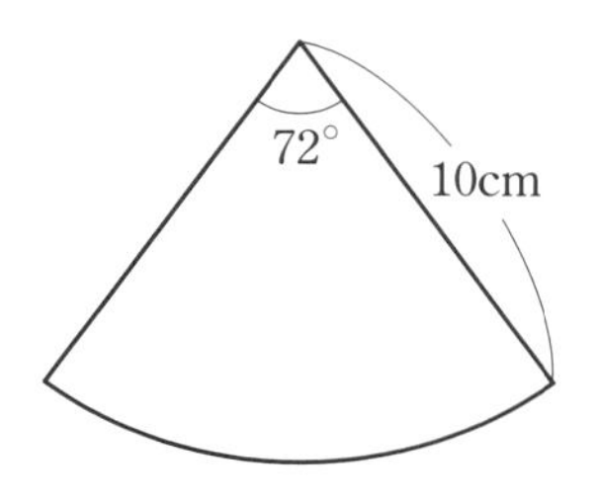

❶ 基本の作図

●線分の垂直二等分線

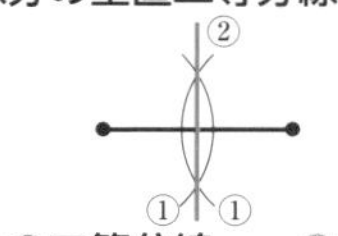

●角の二等分線

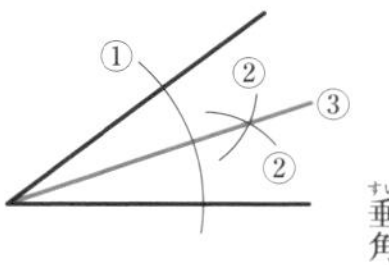

●垂線

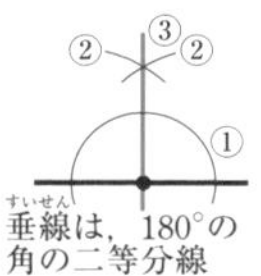

垂線は，180°の角の二等分線

●直線上にない点からの垂線

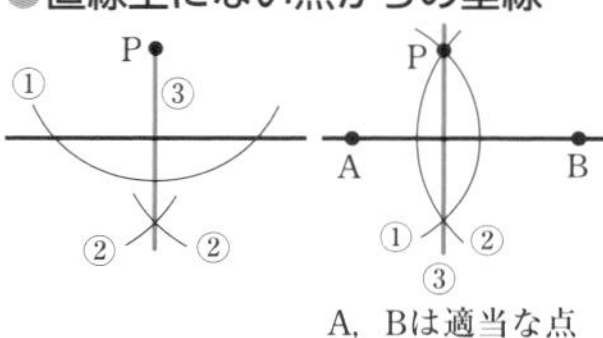

A，Bは適当な点

❷ 図形の移動

・平行移動…一定の方向に一定の距離だけ動かす移動。

・回転移動…1点を中心として一定の角度だけ回転させる移動。

・対称移動…1つの直線を折り目として折り返す移動。

❸ おうぎ形の弧の長さと面積

●半径 r の円

・周 ℓ　$\ell=2\pi r$　・面積 S　$S=\pi r^2$

●半径 r，中心角 a°のおうぎ形

・弧の長さ ℓ　$\ell=2\pi r\times\frac{a}{360}$

・面積 S　$S=\pi r^2\times\frac{a}{360}$

確認 円の接線は，その接点を通る**半径に垂直**である。

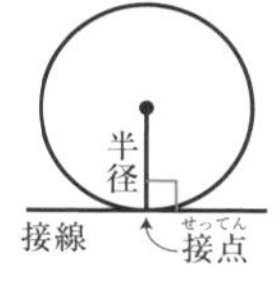

❹ 直線や平面の位置関係

▶右の図は，三角柱の見取図である。
次の問いに答えなさい。

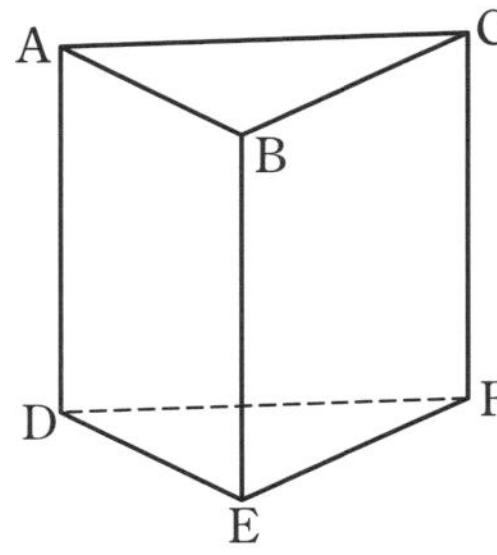
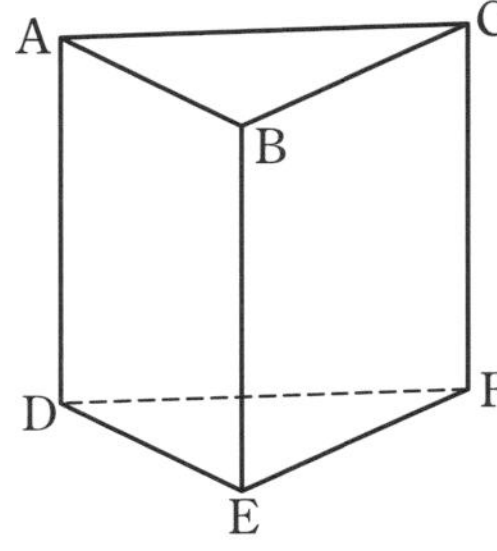

(1) 面 ABC に平行な面はどれか。

〔　　　　〕

(2) 面 ADEB に平行な辺はどれか。

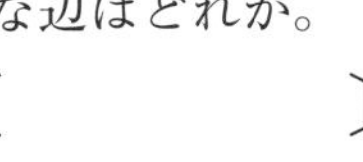
〔　　　　〕

(3) 面 DEF に垂直な面はいくつあるか。

〔　　　　〕

(4) 辺 AB とねじれの位置にある辺を，すべて答えよ。

〔　　　　〕

❺ 回転体，展開図，投影図

1 右の図の△ABC を，直線 ℓ を軸として 1 回転させてできる立体について答えなさい。

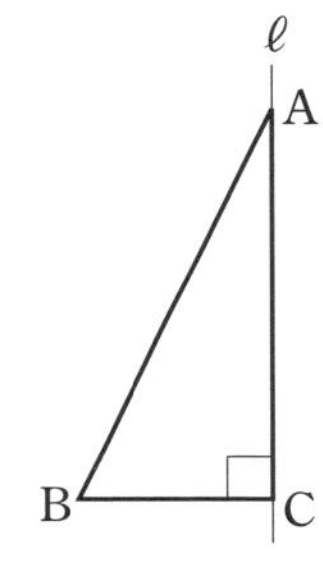

(1) できる立体の名前を答えよ。

〔　　　　〕

(2) できる立体の展開図は，下の**ア**～**ウ**のどれか。

ア

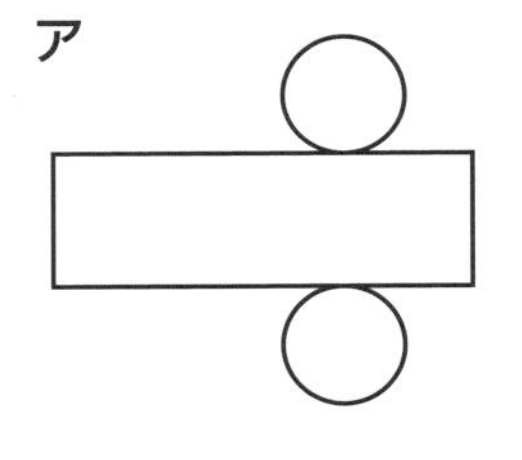

イ

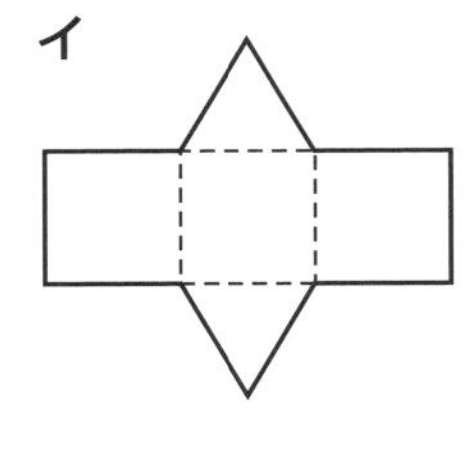

ウ

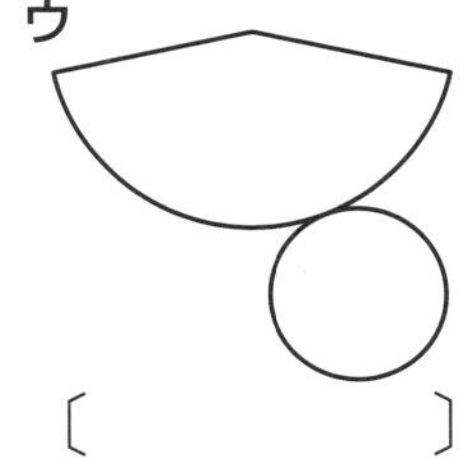

〔　　　　〕

2 次の投影図（とうえいず）で表された立体の名前を答えなさい。

(1)

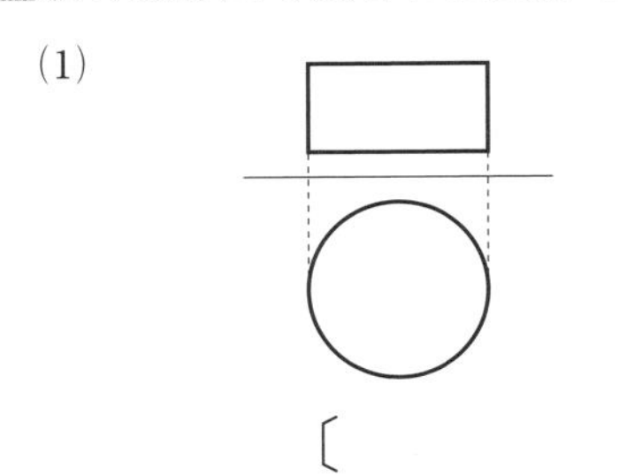

〔　　　　〕

(2)

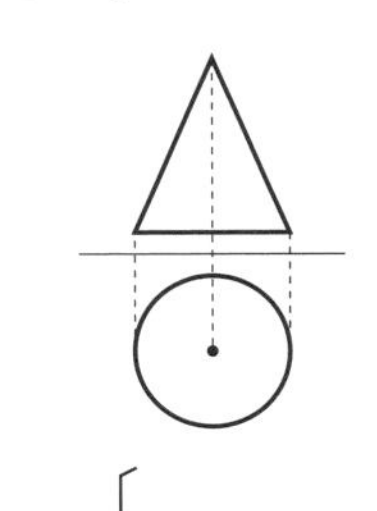

〔　　　　〕

❻ 立体の表面積と体積

▶右の正四角錐（すい）の表面積と体積を求めなさい。

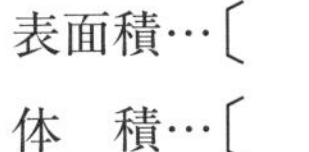
表面積…〔　　　　〕
体　積…〔　　　　〕

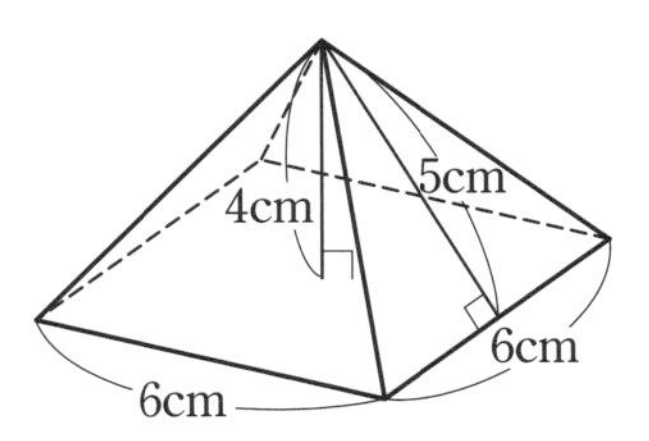

---

❹ 直線や平面の位置関係

●平面と直線の位置関係

- **交わる** 例 面 ABCD と直線 AE（└下の直方体の例）
- **平行** 例 面 ABCD と直線 EF
- **直線は平面上にある** 例 面 ABCD と直線 AB

●直線と直線の位置関係

- **交わる** 例 直線 AB と直線 AE
- **平行** 例 直線 AB と直線 EF
- **ねじれの位置**（平行でなく交わらない）
  例 直線 AB と直線 CG

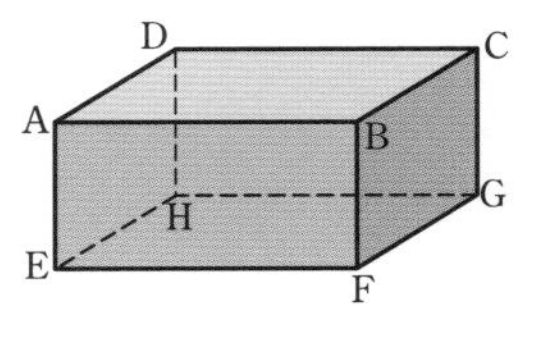

❺ 回転体，展開図，投影図

- **回転体**…平面図形を，その平面上の直線を軸として 1 回転させてできる立体。
- **展開図**…立体を辺にそって切り開き，平面の上に広げた図。
- **投影図**…**立面図**（りつめんず）（正面から見た図）と**平面図**（へいめんず）（上から見た図）を組にした図。

❻ 立体の表面積と体積

確認 立体の表面積

展開図の面積を求める。

- **円錐の表面積**⇨側面の展開図は**おうぎ形**。底面は**円**。おうぎ形の弧の長さは**底面の円周の長さに等しい。**

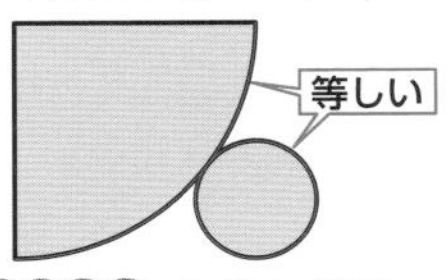

確認 立体の体積

底面積を S，高さを h とするとき，

- **角柱・円柱の体積 V**
  $V=Sh$
- **角錐・円錐の体積 V**
  $V=\frac{1}{3}Sh$

確認 球の表面積と体積

球の半径を r とすると，

- **表面積 S**　$S=4\pi r^2$
- **体積 V**　$V=\frac{4}{3}\pi r^3$

実力完成テスト

＊解答と解説…別冊 p.8
＊時　間………20分
＊配　点………100点満点

得点　　　点

1 右の△ABC において，頂点 A，C からの距離(きょり)が等しく，2 辺 AB，AC からの距離も等しい点 P を作図によって求めなさい。〈9点〉

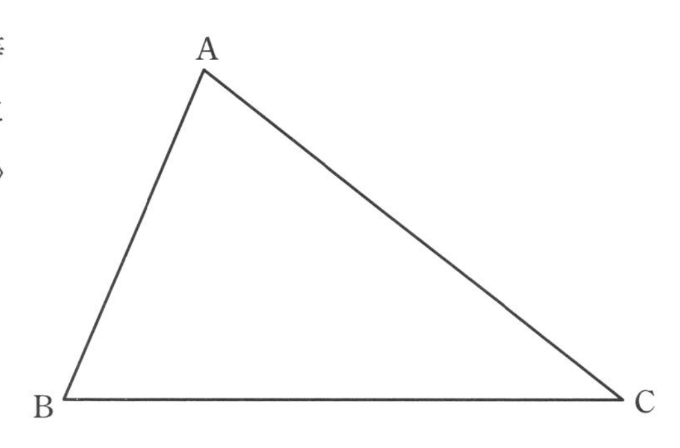

2 右の図で，四角形 ABCD は長方形，点 P，Q，R，S は各辺の中点(ちゅうてん)，点 O は対角線の交点である。

このとき，次の問いに答えなさい。〈6点×2〉

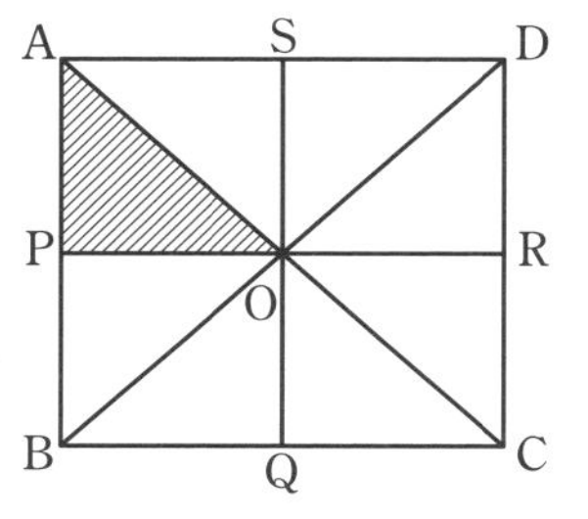

(1) △APO を点 O を中心として180°回転移動して重ねられる三角形を答えよ。

＿＿＿＿＿＿＿＿

(2) △APO を線分 SQ を対称(たいしょう)の軸(じく)として対称移動して重ねられる三角形を答えよ。

＿＿＿＿＿＿＿＿

3 次の問いに答えなさい。〈6点×3〉

(1) 右の図のおうぎ形の面積と周の長さを求めよ。ただし，円周率は π とする。

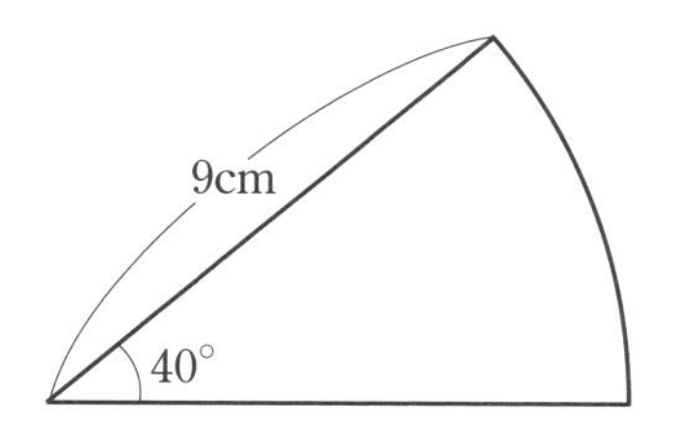

面積…＿＿＿＿＿＿＿＿，周の長さ…＿＿＿＿＿＿＿＿

(2) 半径24cm，弧(こ)の長さが 12π cm のおうぎ形の中心角の大きさを求めよ。

＿＿＿＿＿＿＿＿

4 空間における異なる直線を ℓ，m，n，異なる平面をP，Q，Rとするとき，次のことがらがつねに正しいものには○を，正しいとはいえないものには×を解答らんに書きなさい。 〈5点×5〉

(1) $\ell /\!/ m$，$m /\!/ n$ ならば，$\ell /\!/ n$ である。 …… ＿＿＿＿＿＿

(2) $\ell \perp m$，$m \perp n$ ならば，$\ell /\!/ n$ である。 …… ＿＿＿＿＿＿

(3) $\ell \perp$P，$\ell \perp$Q ならば，P$/\!/$Q である。 …… ＿＿＿＿＿＿

(4) $\ell /\!/$P，$\ell /\!/$Q ならば，P$/\!/$Q である。 …… ＿＿＿＿＿＿

(5) P$\perp$Q，Q$\perp$R ならば，P$/\!/$R である。 …… ＿＿＿＿＿＿

5 次の問いに答えなさい。ただし，円周率は π とする。 〈6点×6〉

(1) 右の図の直方体の表面積と体積を求めよ。

5cm
4cm
4cm

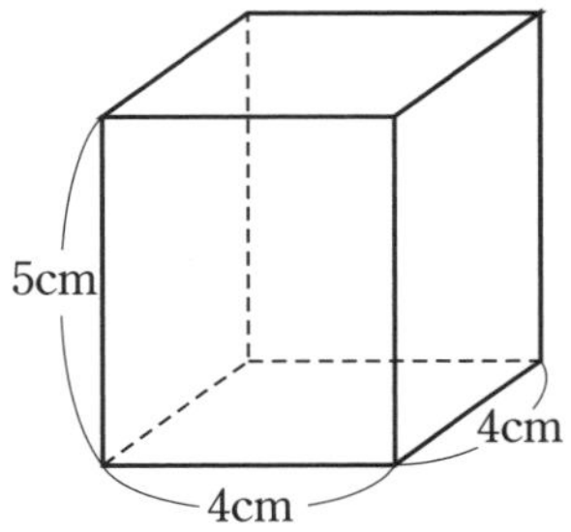

表面積…＿＿＿＿＿＿，体積…＿＿＿＿＿＿

(2) 右の図の直角三角形ABCを，辺BCを軸として1回転させたときにできる立体の，表面積と体積を求めよ。

C
10cm
6cm
A
B
8cm

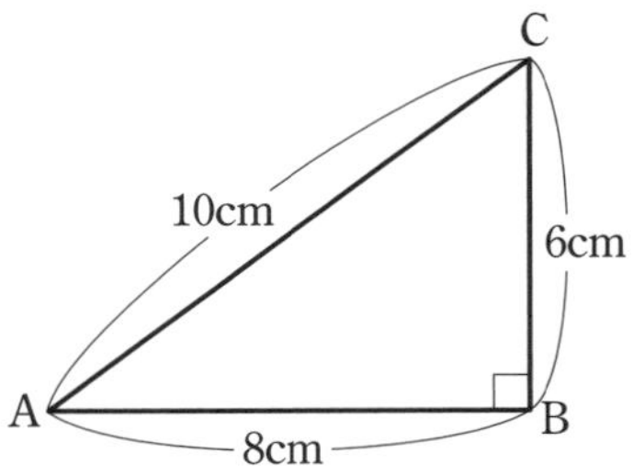

表面積…＿＿＿＿＿＿，体積…＿＿＿＿＿＿

(3) 半径が6 cmの球の表面積と体積を求めよ。

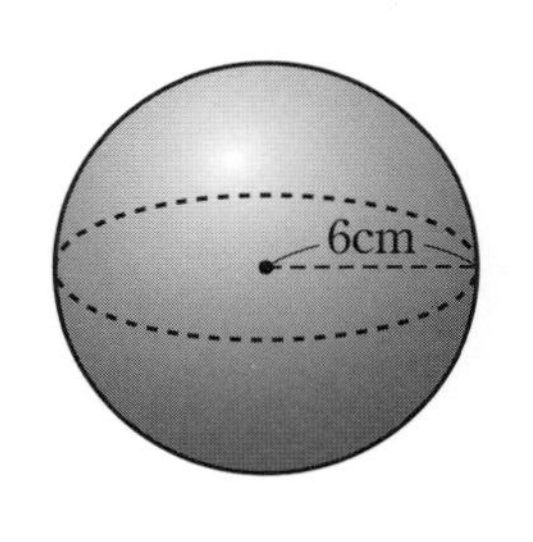

表面積…＿＿＿＿＿＿，体積…＿＿＿＿＿＿

平行と合同

平行線の同位角（どういかく）・錯角（さっかく），三角形や多角形の内角（ないかく）・外角（がいかく），三角形の合同（ごうどう）条件などを学習します。証明（しょうめい）の書き方も，基本をしっかり押（お）さえましょう。

基 礎 の 確 認

（ 解答▶別冊 p.9 ）

❶ 対頂角，平行線と角

▶右の図で，$\ell /\!/ m$ のとき，$\angle a$，$\angle b$，$\angle c$ の大きさを求めなさい。

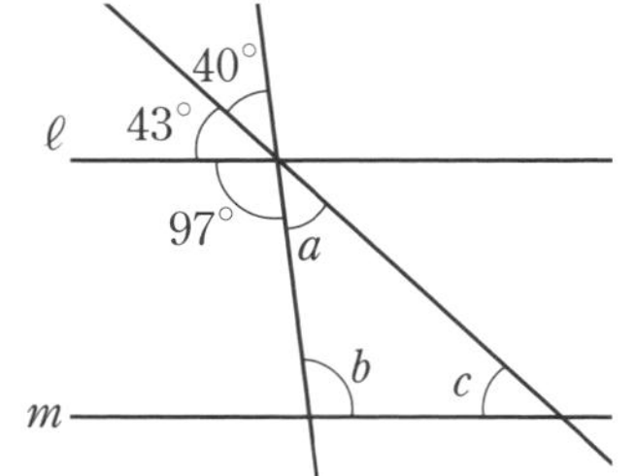

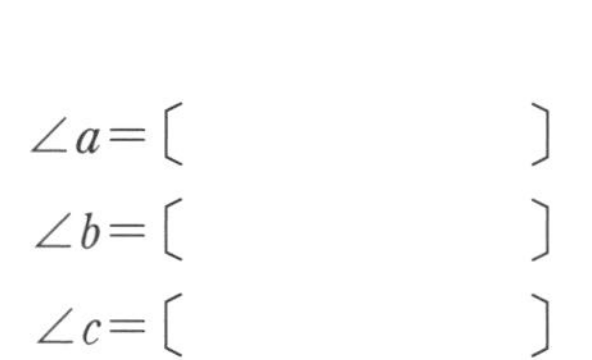

$\angle a$＝〔　　　　　〕

$\angle b$＝〔　　　　　〕

$\angle c$＝〔　　　　　〕

❷ 三角形の内角と外角

▶次の図で，$\angle x$ の大きさを求めなさい。

(1)

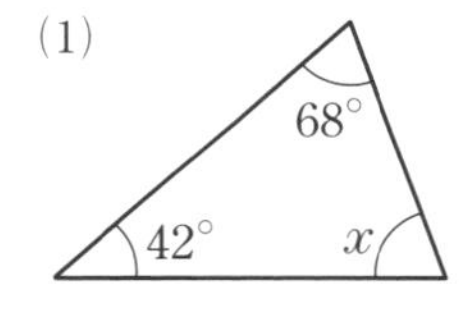

$\angle x$＝〔　　　　〕

(2)

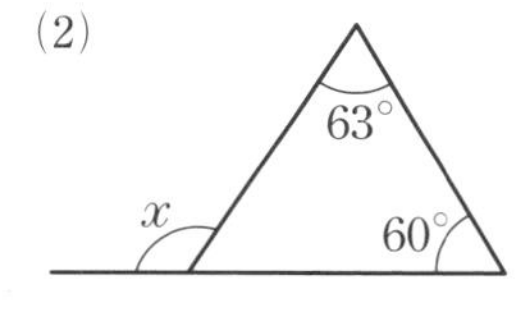

$\angle x$＝〔　　　　〕

(3)

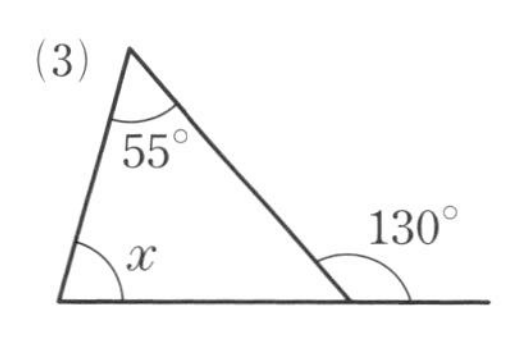

$\angle x$＝〔　　　　〕

❸ 多角形の内角と外角

▶次の問いに答えなさい。

(1) 五角形の内角の和を求めよ。

〔　　　　　〕

(2) 正五角形の１つの内角の大きさを求めよ。

〔　　　　　〕

(3) 正十二角形の１つの外角の大きさを求めよ。

〔　　　　　〕

❶ 対頂角，平行線と角

●対頂角は等しい

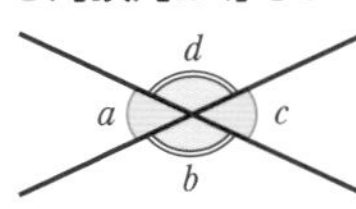

$\angle a = \angle c$

$\angle b = \angle d$

● ２直線に１直線が交わるとき，
- ２直線が平行ならば，
  ⇨同位角・錯角は等しい
- 同位角か錯角が等しければ，
  ⇨２直線は平行

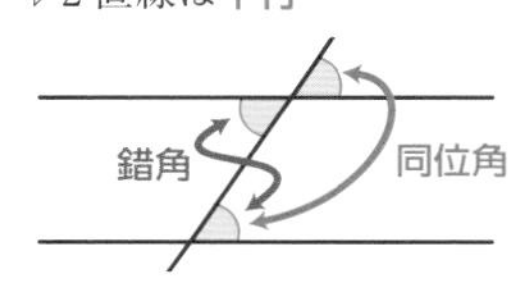

確認 一直線の角は180°，１回転の角は360°

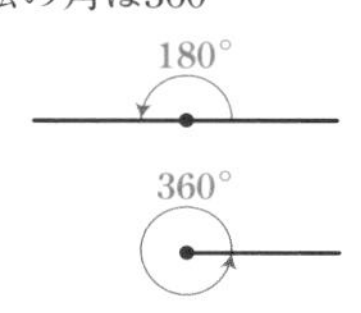

❷ 三角形の内角と外角

- 三角形の内角の和⇨180°
- 三角形の外角⇨それととなり合わない２つの内角の和（わ）に等しい。

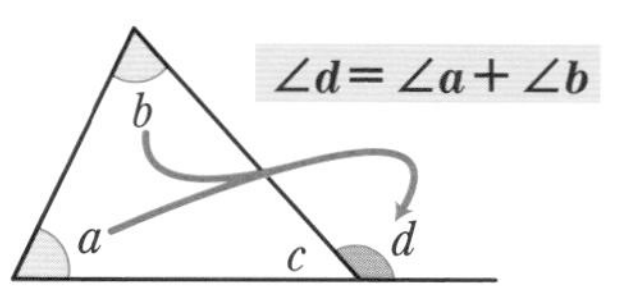

$\angle d = \angle a + \angle b$

❸ 多角形の内角と外角

- n 角形の内角の和
  ⇨$180° \times (n-2)$
- n 角形の外角の和
  ⇨360°（何角形でも同じ）

④ 三角形の合同条件

▶下の図の中で，合同な三角形を記号「≡」を使って表しなさい。また，そのときの合同条件を書きなさい。

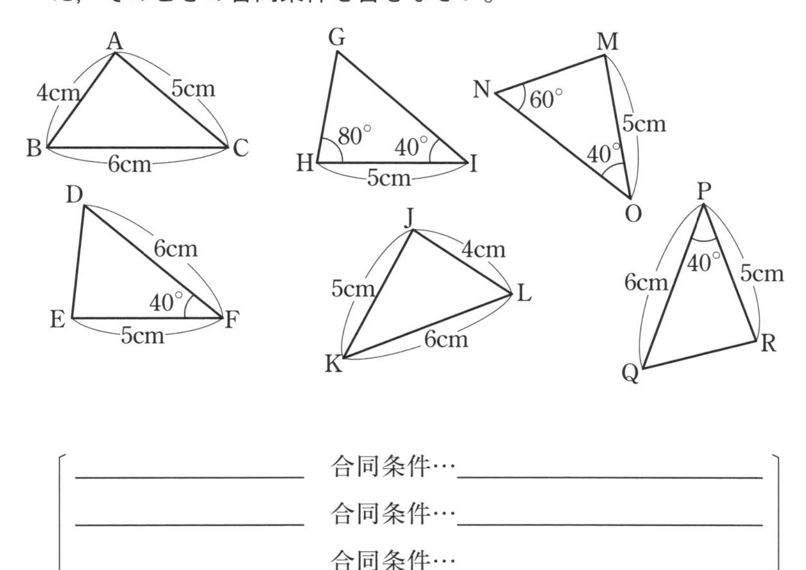

〔＿＿＿＿＿＿　合同条件…＿＿＿＿＿＿
＿＿＿＿＿＿　合同条件…＿＿＿＿＿＿
＿＿＿＿＿＿　合同条件…＿＿＿＿＿＿〕

⑤ 図形と証明

▶右の図は，角の二等分線の作図を示している。半直線 OP が∠XOY の二等分線であることを下のように証明した。〔　〕をうめなさい。

X　A　P　O　B　Y

(仮定(かてい))　OA＝OB

〔ア　　　　　〕

(結論(けつろん))　〔イ　　　　　〕

(証明)　△OAP と△OBP で，

仮定から，OA＝OB　………①

〔ウ　　　　　〕　………②

また，〔エ　　　　　〕　(共通)…③

①，②，③より，

〔オ　　　　　〕がそれぞれ等しいので，

△OAP〔カ　　〕△OBP

したがって，合同な図形の対応する〔キ　　　　〕は等しいので，

〔ク　　　　　〕

---

④ 三角形の合同条件

●**合同な図形**　平面上の２つの図形で，一方をずらしたり，裏返したりすることによって他方に**ぴったり重なる**とき，２つの図形は合同である。

合同な図形の，

・対応する**線分(せんぶん)の長さは等しい。**

・対応する**角の大きさは等しい。**

●**三角形の合同条件**

① **3組の辺**がそれぞれ等しい。

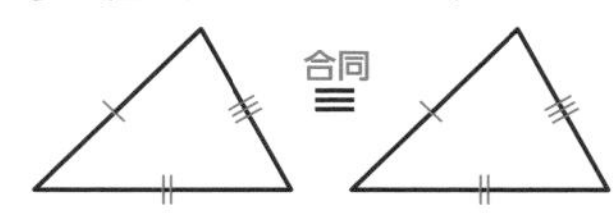

② **2組の辺とその間の角**がそれぞれ等しい。

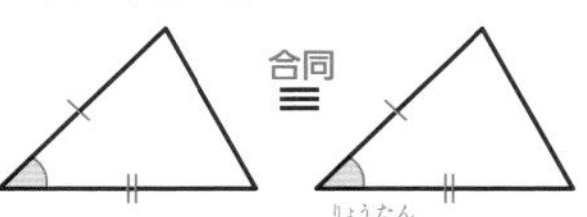

③ **1組の辺とその両端(りょうたん)の角**がそれぞれ等しい。

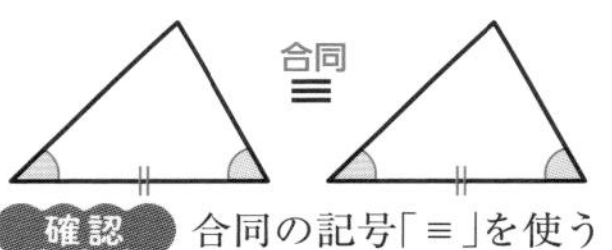

確認　合同の記号「≡」を使うとき，頂点は**対応する順に書く。**

ミス注意　三角形の２つの角が与(あた)えられたら，残りの角も求めてみる。

問題の△MNO では，2つの角が与えられているので，∠M の大きさを求めてから合同条件を考える。

⑤ 図形と証明

・**証明**…ことがらの正しいわけを，すでに正しいと認められたことがらを根拠(こんきょ)に説明すること。

・**仮定と結論**…「A ならば B」の形で表されたことがらで，A の部分を**仮定**，B の部分を**結論**という。

確認　証明問題で，**問題で与えられたことがらを仮定，これから証明しようとすることがらを結論**と考えてもよい。

・**定理(ていり)**…すでに証明されたことがらのうち重要なもの。

・**定義(ていぎ)**…言葉の意味をはっきり述べたもの。

実力完成テスト

＊解答と解説…別冊 p.9
＊時　間………20分
＊配　点………100点満点

得点　　　点

1 次の問いに答えなさい。 〈7点×4〉

(1) 下の図で，$\angle a$，$\angle b$，$\angle c$ の大きさの和を求めよ。

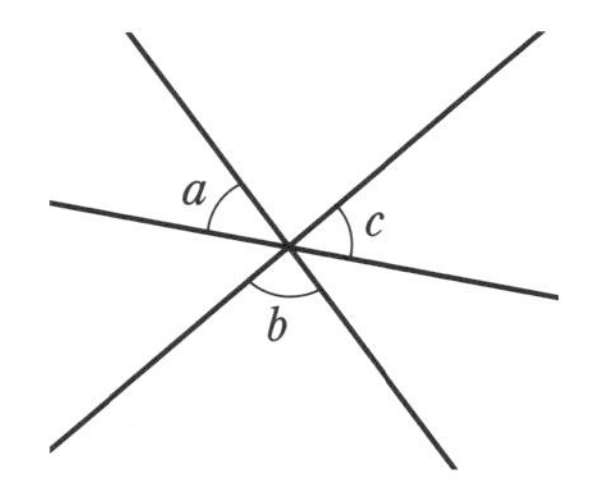

(2) 下の図の直線 a，b，c，d，e で，平行な2直線を記号「//」を使って表せ。

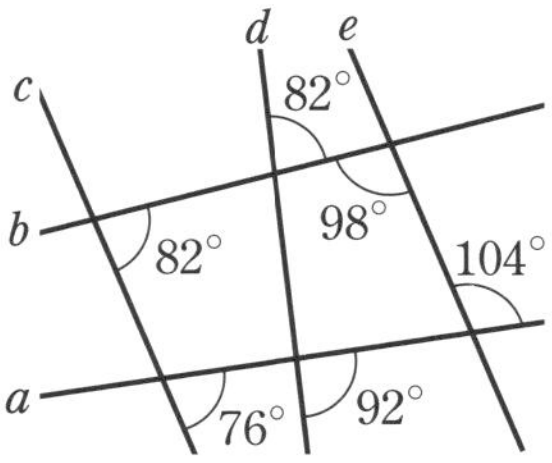

(3) 2つの内角の大きさが次のような三角形**ア**，**イ**，**ウ**のうち，直角三角形はどれか。

ア．45°，35°

イ．72°，28°

ウ．48°，42°

(4) 正二十角形の1つの内角の大きさを求めよ。

2 次の図で，$\ell /\!/ m$ のとき，$\angle x$ の大きさを求めなさい。 〈7点×4〉

(1)

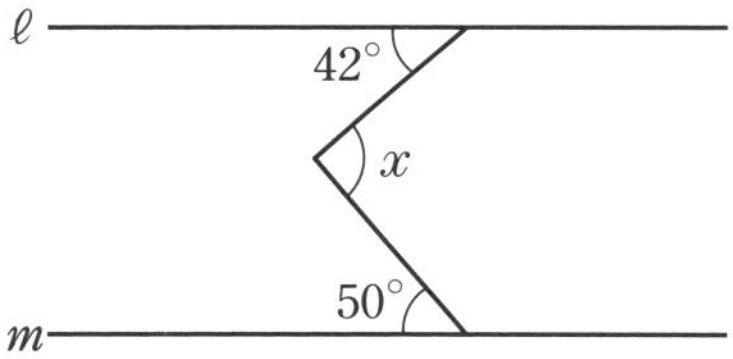

(2)

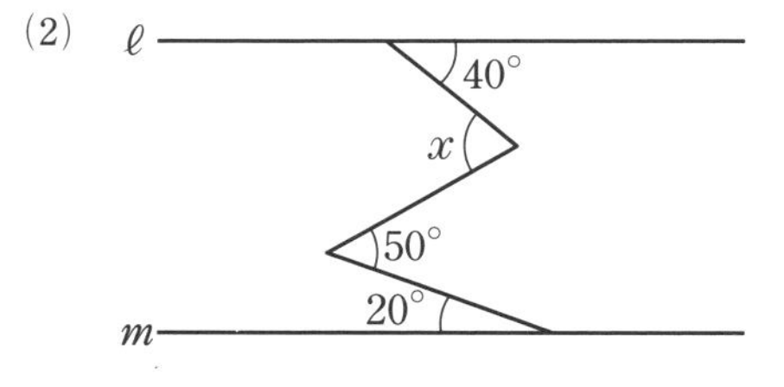

(3)

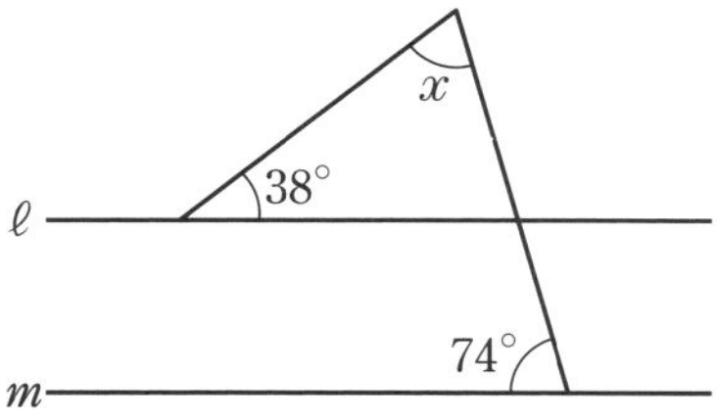

(4)

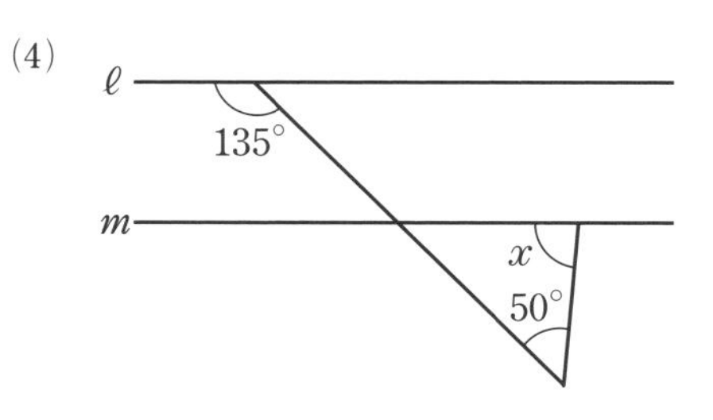

3 次の図で，$\angle x$ の大きさを求めなさい。 〈7点×2〉

(1)

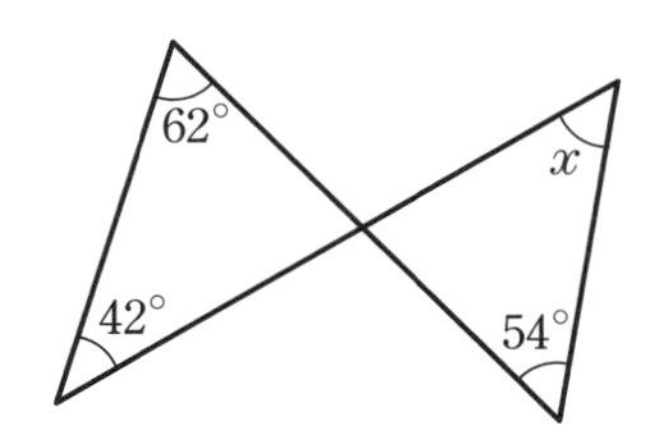

(2)

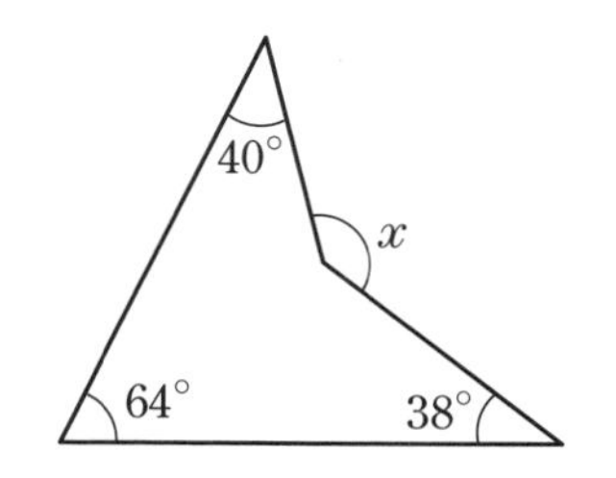

4 次の問いに答えなさい。 〈7点×2〉

(1) 下の図の△ABCで，∠B，∠Cの二等分線の交点をPとするとき，∠BPCの大きさを求めよ。

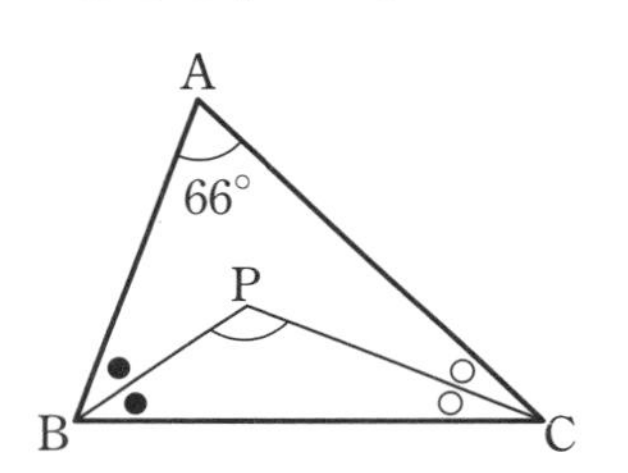

(2) 下の図で，$\angle a$，$\angle b$，$\angle c$，$\angle d$，$\angle e$ の大きさの和を求めよ。

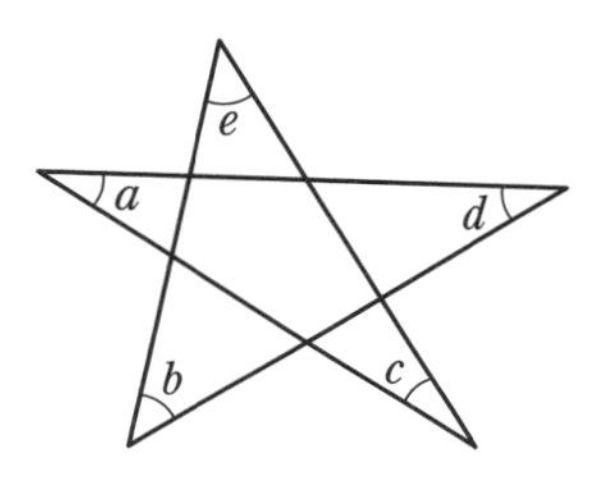

5 右の図で2直線 ℓ と m は平行である。また，線分(せんぶん) AB，CD は線分ABの中点(ちゅうてん) O で交わっている。

このとき，点Oは線分CDの中点でもあることを，△OACと△OBDの合同(ごうどう)を述べて証明(しょうめい)したい。

この証明で使う三角形の合同条件を答えなさい。 〈6点〉

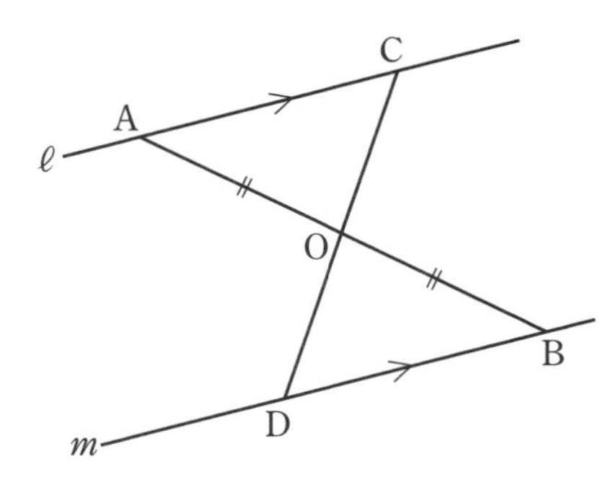

6 AB＝ACである二等辺三角形ABCの頂角Aの二等分線と辺BCとの交点をDとする。このとき，点Dは辺BCの中点であることを証明しなさい。ただし，仮定(かてい)と結論(けつろん)も式で書きなさい。 〈10点〉

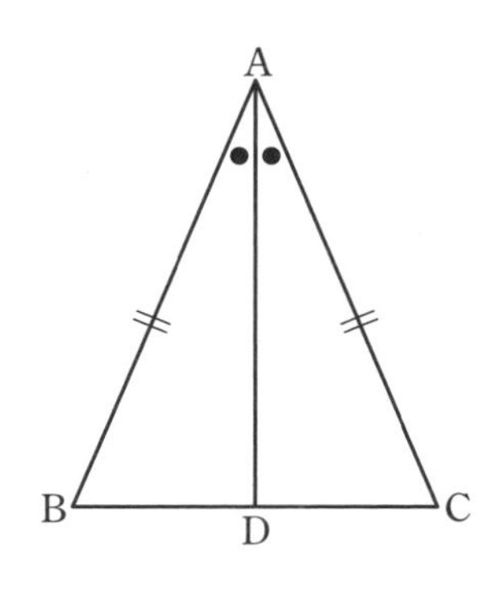

1日目 2日目 3日目 4日目 5日目 6日目 7日目 8日目 9日目 10日目

日目

三角形と四角形

二等辺三角形の性質と直角三角形の合同条件のほか，平行四辺形の性質も学習します。さらに，平行線と面積など，覚えることがたくさんあります。

基礎の確認

（解答▶別冊 p.10）

❶ 二等辺三角形の性質

▶次の図で，AB＝AC のとき，$\angle x$ の大きさを求めなさい。

(1)

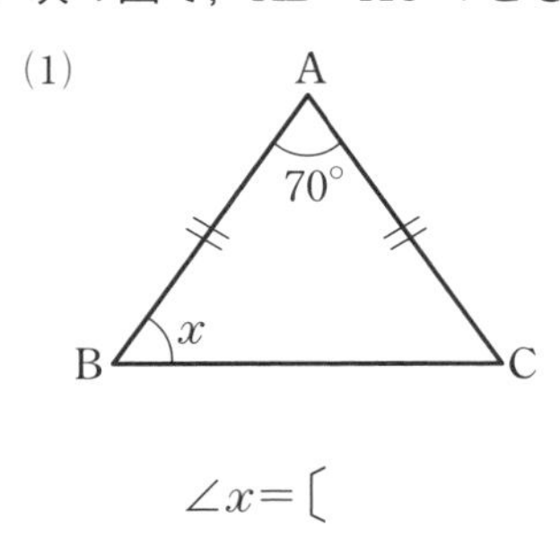

$\angle x$＝〔　　　　　〕

(2)

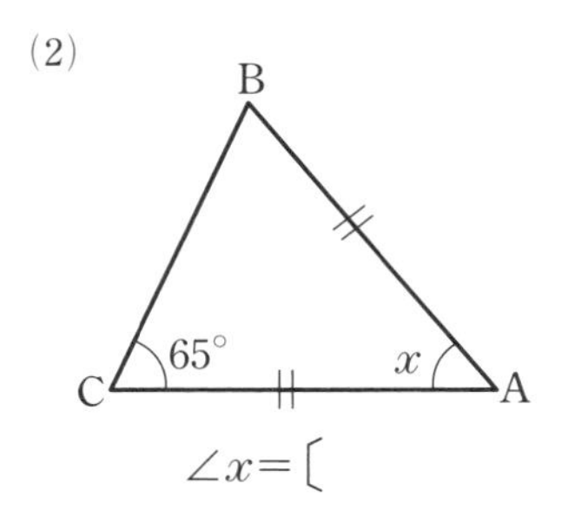

$\angle x$＝〔　　　　　〕

❷ 直角三角形の合同条件

▶次の直角三角形のうち，合同な三角形を記号「≡」を使って表しなさい。また，そのときの合同条件を書きなさい。

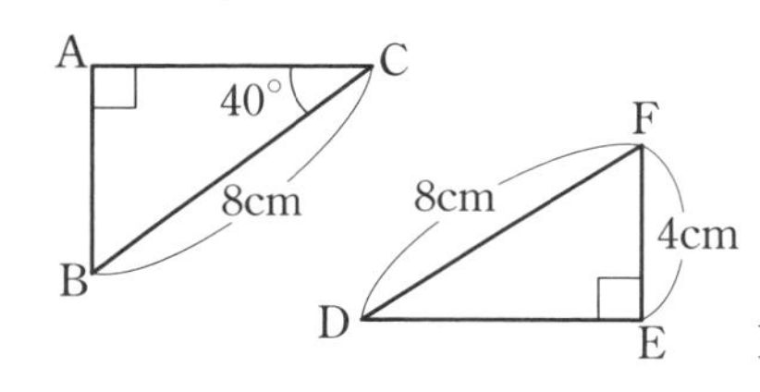

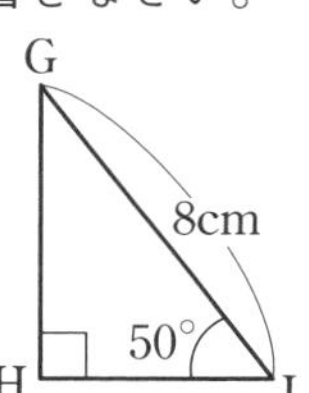

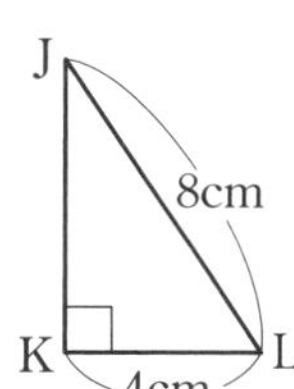

〔＿＿＿＿＿＿　合同条件…＿＿＿＿＿＿＿＿＿＿
　＿＿＿＿＿＿　合同条件…＿＿＿＿＿＿＿＿＿＿〕

❸ 平行四辺形の性質

▶下の(1)，(2)で四角形 ABCD は平行四辺形である。$\angle x$，$\angle y$ の大きさと x，y の値をそれぞれ求めなさい。

(1)

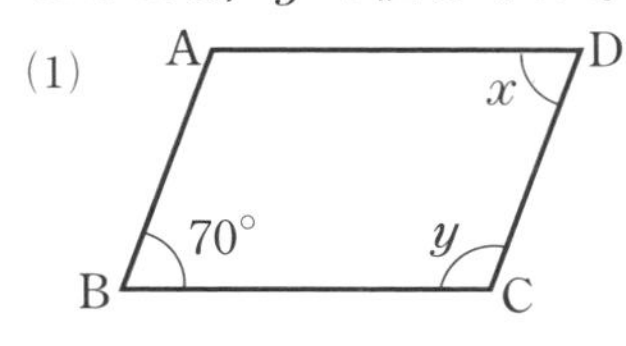

(2)

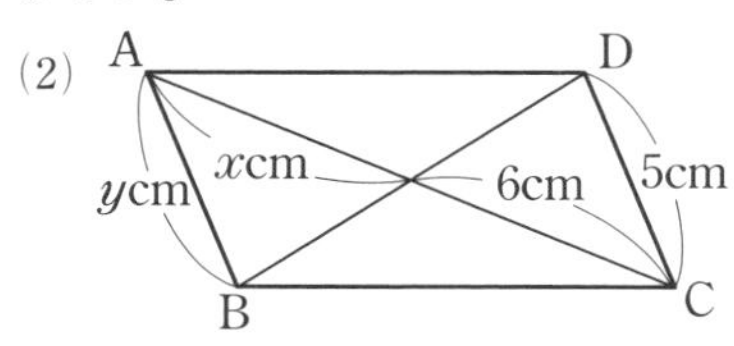

$\angle x$＝〔　　〕，$\angle y$＝〔　　〕　x＝〔　　〕，y＝〔　　〕

---

❶ 二等辺三角形の性質

●**二等辺三角形の定義**　2つの辺の長さが等しい三角形。

・**二等辺三角形の性質**

①底角は等しい。

②頂角の二等分線は，底辺を垂直に2等分する。

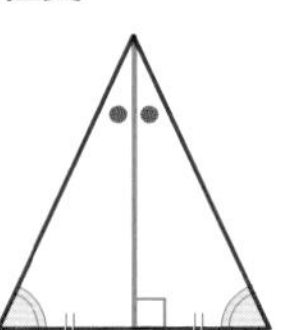

・**二等辺三角形になるための条件**　2つの角が等しい三角形は二等辺三角形である。

●**正三角形の定義**　3つの辺の長さが等しい三角形。

・**正三角形の性質**　3つの角は等しい(すべて60°)。

❷ 直角三角形の合同条件

①斜辺(しゃへん)と1鋭角(えいかく)がそれぞれ等しい。

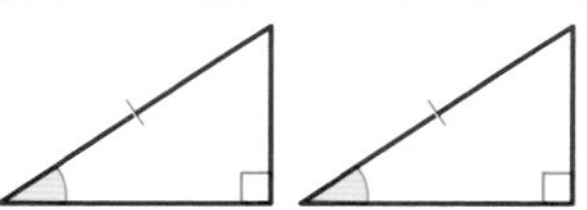

②斜辺と他の1辺がそれぞれ等しい。

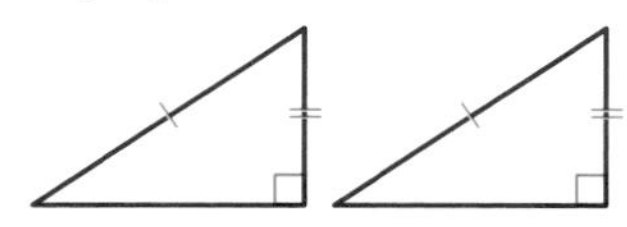

❸ 平行四辺形の性質

確認　**平行四辺形の定義**

2組の対辺(向かい合う辺)がそれぞれ平行な四角形。

・**平行四辺形の性質**

①2組の対辺(たいへん)はそれぞれ等しい。

②2組の対角(たいかく)(向かい合う角)はそれぞれ等しい。

③対角線はそれぞれの中点(ちゅうてん)で交わる。

❹ 平行四辺形になるための条件

▶右の図で，AD＝BC，AD∥BC である。このとき，四角形 ABCD は平行四辺形であることを下のように証明（しょうめい）した。〔　　〕をうめて，証明を完成させなさい。

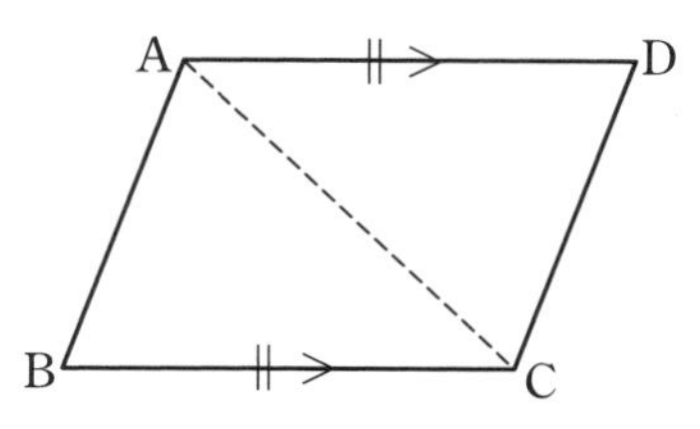

（証明）　△ABC と△CDA で，

仮定から，　BC＝DA　…①

共通な辺だから，〔ア　　　　　　　　〕…②

AD∥BC より，〔イ　　　　　　　　〕…③

①，②，③より，〔ウ　　　　　　　　〕がそれぞれ等しいので，△ABC〔エ　　〕△CDA

よって，∠BAC＝〔オ　　　　〕

錯角（さっかく）が等しいので，〔カ　　　　〕∥〔キ　　　　〕

したがって，〔ク　　　　　　　　〕なので，

四角形 ABCD は平行四辺形である。

❺ 特別な平行四辺形

▶次の問いに答えなさい。

(1)　平行四辺形のうち，対角線が垂直に交わる図形を何というか。

〔　　　　　〕

(2)　平行四辺形のうち，対角線の長さが等しい図形を何というか。

〔　　　　　〕

(3)　平行四辺形のうち，対角線の長さが等しく垂直に交わる図形を何というか。

〔　　　　　〕

❻ 平行線と面積

▶右の図の四角形 ABCD は平行四辺形で，AC∥EF である。このとき，△ACE と面積の等しい三角形をすべて答えなさい。

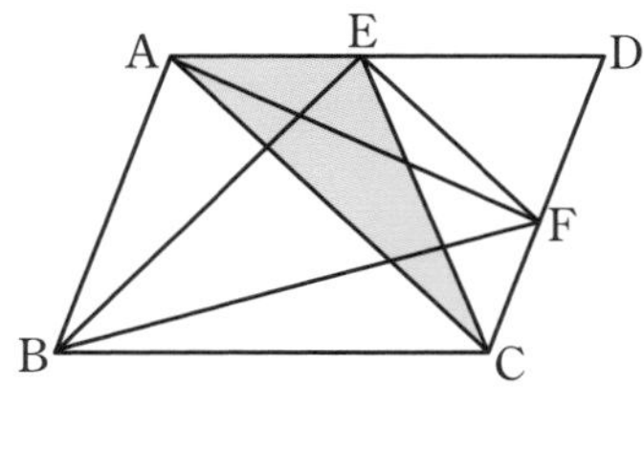

〔　　　　　〕，〔　　　　　〕，〔　　　　　〕

❹ 平行四辺形になるための条件

四角形は，次の①～⑤のうちのどれかが成り立てば平行四辺形である。

①2組の対辺がそれぞれ平行である。（定義（ていぎ））

②2組の対辺がそれぞれ等しい。

③2組の対角がそれぞれ等しい。

④対角線がそれぞれの中点で交わる。

⑤1組の対辺が平行で，その長さが等しい。

❺ 特別な平行四辺形

・**長方形**

定義…4つの角が**すべて直角**である四角形。

性質…2つの対角線は，**長さが等しい。**

・**ひし形**

定義…4つの辺が**すべて等しい**四角形。

性質…2つの対角線は，**垂直に交わる。**

・**正方形**

定義…4つの角が**すべて直角**で，4つの辺が**すべて等しい**四角形。

性質…2つの対角線は，**長さが等しく，垂直に交わる。**

確認 長方形，ひし形，正方形は平行四辺形なので，平行四辺形の性質はすべてもっている。

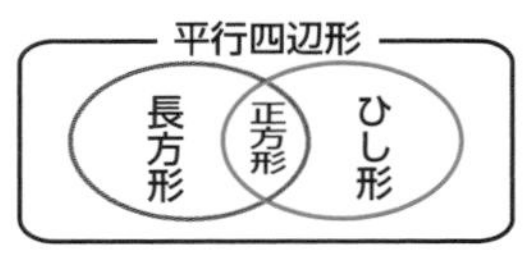

❻ 平行線と面積

下の図で，

・**PQ∥AB** ならば，

△PAB＝△QAB

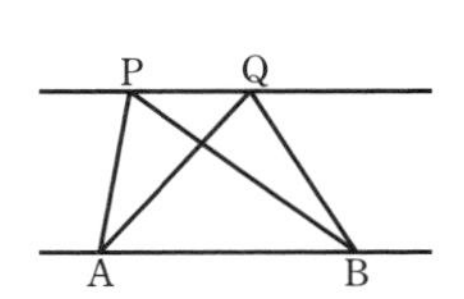

確認 平行線間の距離（きょり）は一定だから，上の図で，**PQ∥AB ならば△PAB と△QAB は底辺 AB が共通で，高さが等しい。**

実力完成テスト

＊解答と解説…別冊 p.10
＊時　間………20分
＊配　点………100点満点

得点

点

1 次の図で，$\angle x$ の大きさを求めなさい。 〈7点×4〉

(1) AC＝BC

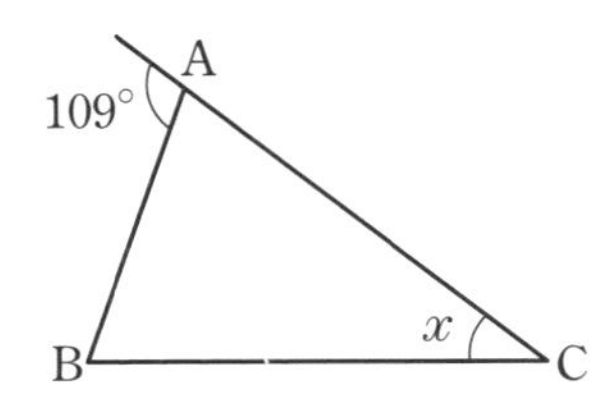

(2) AB＝AC＝BD

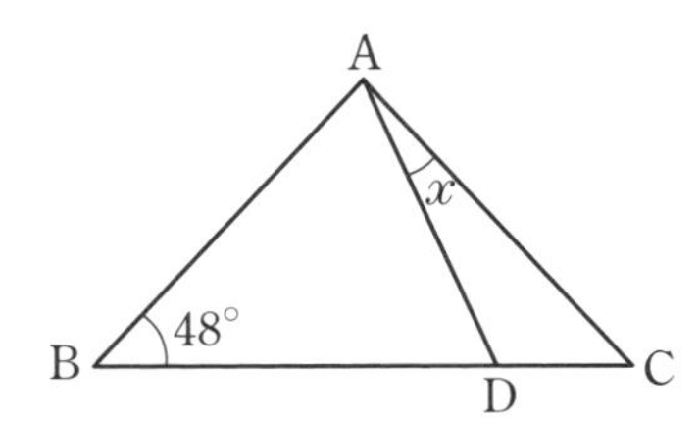

(3) AB＝AC，∠ABD＝∠CBD

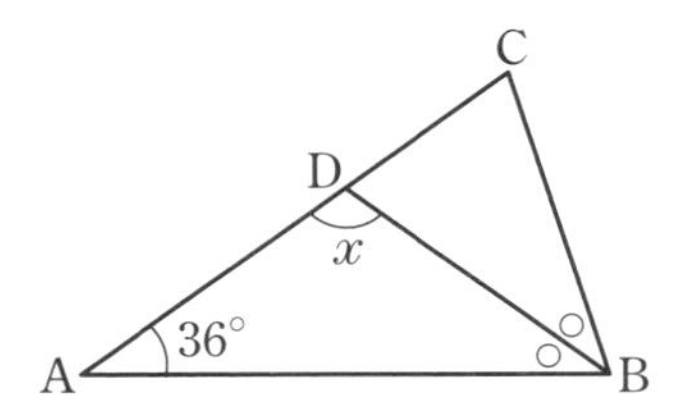

(4) AE＝AD，AC＝BC

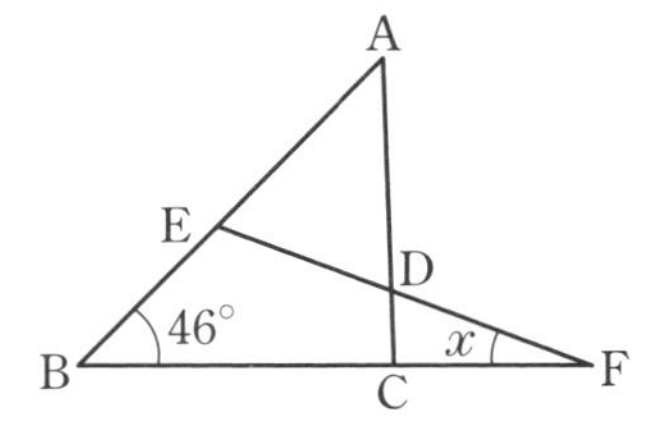

2 右の図のように，AB＝AC の二等辺三角形 ABC の頂点 B，C から，辺 AC，AB にそれぞれ垂線(すいせん) BD，CE をひいた。

　このとき，BD＝CE となることを次のように証明(しょうめい)した。〔　　〕をうめて，証明を完成させなさい。 〈2点×9〉

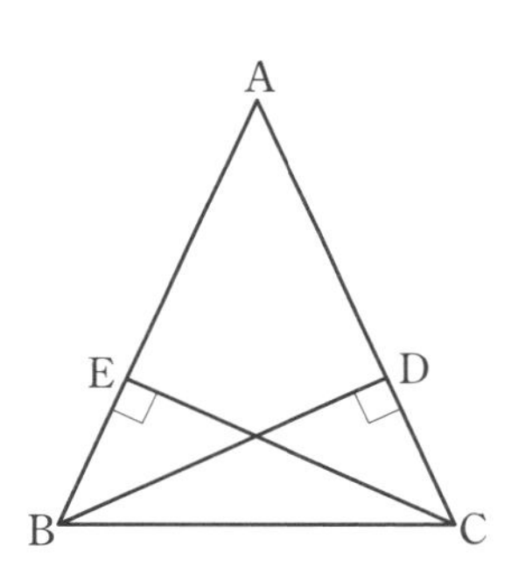

(証明)　△BDC と△CEB で，

仮定(かてい)より，∠BDC＝∠〔ア　　　　　〕＝〔イ　　　〕° …①

共通な辺だから，〔ウ　　　　〕＝〔エ　　　　〕 …②

二等辺三角形の底角だから，∠〔オ　　　〕＝∠〔カ　　　〕 …③

①，②，③より，直角三角形の〔キ　　　　　　　　　　〕がそれぞれ等しいから，

△BDC〔ク　　〕△CEB

したがって，合同(ごうどう)な図形の対応する辺は等しいので，

〔ケ　　　　　　　　　〕

3 四角形ABCDが平行四辺形であるとき，$\angle x$の大きさを求めなさい。　〈7点×2〉

(1)

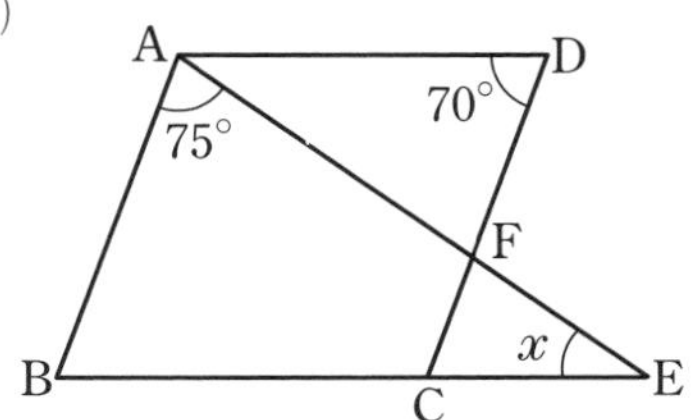

(2)

A　D
55°
x　E
14°　77°
B　C

4 右の図の平行四辺形ABCDに次の条件を加えると，何という四角形になるか答えなさい。　〈8点×2〉

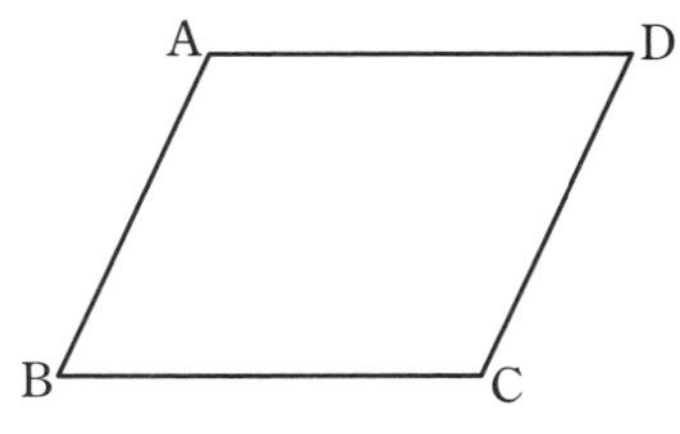

(1)　AB＝BC

(2)　∠DAB＝∠ABC

5 右の図のように，四角形ABCDとBCをCのほうに延長した半直線がある。この半直線上に点Eをとり，△ABEの面積と四角形ABCDの面積が等しくなるようにする。

　このとき，点Eと辺AEを作図しなさい。ただし，作図に用いた線は消さずに残しておくこと。　〈12点〉

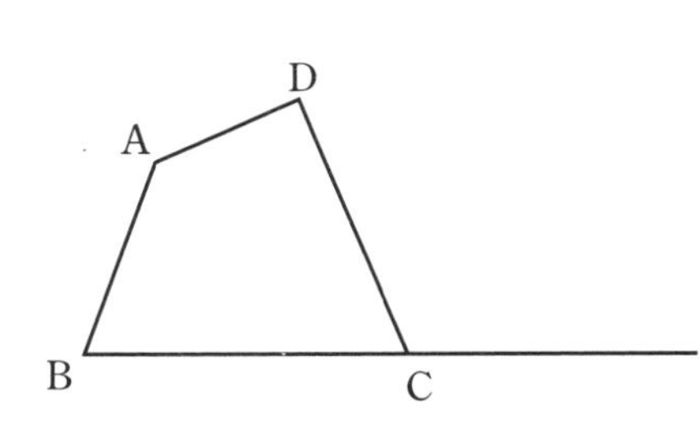

6 平行四辺形ABCDの辺AB，CDの中点（ちゅうてん）をそれぞれM，Nとするとき，四角形AMCNは平行四辺形であることを証明しなさい。　〈12点〉

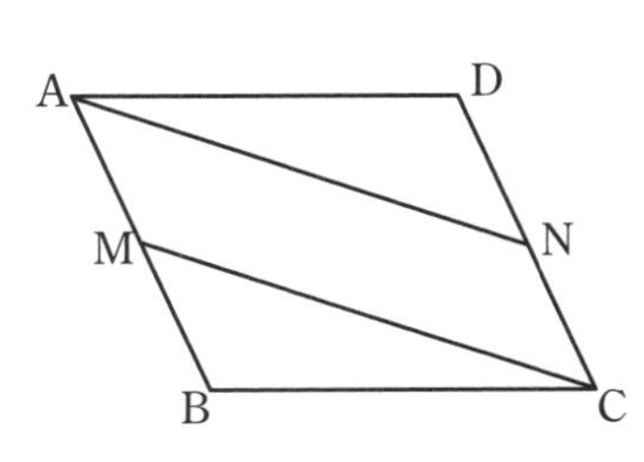

データの分析・確率

今回は，累積度数，相対度数など，用語がたくさん出てきます。さらに，確率の求め方や四分位数と箱ひげ図についても学習します。

基礎の確認

（解答▶別冊 p.11）

❶ データの分布の表し方

1 右の表は，あるクラスの男子生徒の体重測定の結果を度数分布表にまとめたものである。次の問いに答えなさい。

体重(kg)	度数(人)	累積度数(人)
以上　未満		
35 ～ 40	2	2
40 ～ 45	□	5
45 ～ 50	7	□
50 ～ 55	5	17
55 ～ 60	3	20
計	20	

(1) 40kg 以上45kg 未満の階級の度数を答えよ。

〔　　　　〕

(2) 45kg 以上50kg 未満の累積度数を求めよ。

〔　　　　〕

(3) 50kg 以上55kg 未満の階級の相対度数を求めよ。

〔　　　　〕

2 右の表は，1の度数分布表から，階級値×度数を計算してまとめたものである。次の問いに答えなさい。

体重(kg)	階級値(kg)	度数(人)	階級値×度数
以上　未満			
35 ～ 40	37.5	2	75
40 ～ 45	42.5	3	127.5
45 ～ 50	47.5	7	332.5
50 ～ 55	52.5	5	262.5
55 ～ 60	57.5	3	172.5
計		20	970

(1) 体重の平均値を求めよ。

〔　　　　〕

(2) 中央値が入る階級を求めよ。

〔　　　　〕

(3) 最頻値を求めよ。

〔　　　　〕

❶ データの分布の表し方

●度数分布表と累積度数

・階級…データを整理するための区間。

・度数…各階級に入るデータの個数。

・累積度数…最初の階級からその階級までの**度数の合計**。

●ヒストグラムと度数折れ線

・**度数折れ線**(度数分布多角形)…ヒストグラムの各長方形の上の辺の**中点**を結んでできた折れ線。

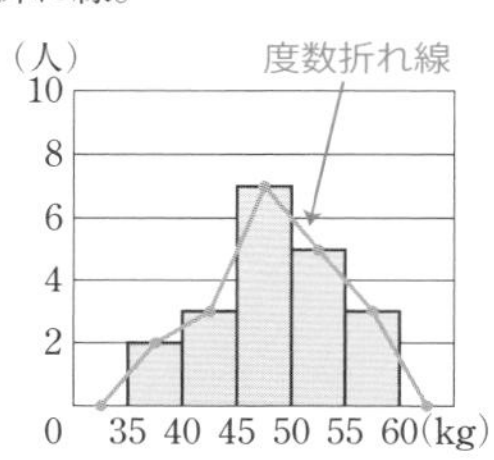

●相対度数

$$相対度数=\frac{その階級の度数}{度数の合計}$$

●累積相対度数

最初の階級からその階級までの**相対度数の合計**。

●代表値⇨データの値全体のようすを1つの数値で代表させる平均値，中央値，最頻値など。

・平均値

$$=\frac{(階級値×度数)の合計}{度数の合計}$$

・中央値(メジアン)…データを大きさの順に並べたときの中央の値。

・最頻値(モード)…度数の最も多い階級の階級値。

② 確率の求め方 ▷ 樹形図の利用

▶ 3枚の硬貨(こうか)A, B, Cを同時に投げるとき，次の問いに答えなさい。

A　B　C
表 ― 表 ― 表
　　　　― 裏
　　― 裏 ― 表
　　　　― 裏
裏 ― 表 ― 表
　　　　― 裏
　　― 裏 ― 表
　　　　― 裏

(1)　表と裏の出方は全部で何通りあるか。

〔　　　　　〕

(2)　3枚とも裏になる確率を求めよ。

〔　　　　　〕

(3)　2枚が表で1枚が裏になる確率を求めよ。

〔　　　　　〕

③ 確率の求め方 ▷ 表の利用

▶ 1から6までの目がある大小2つのさいころを同時に投げるとき，次の問いに答えなさい。

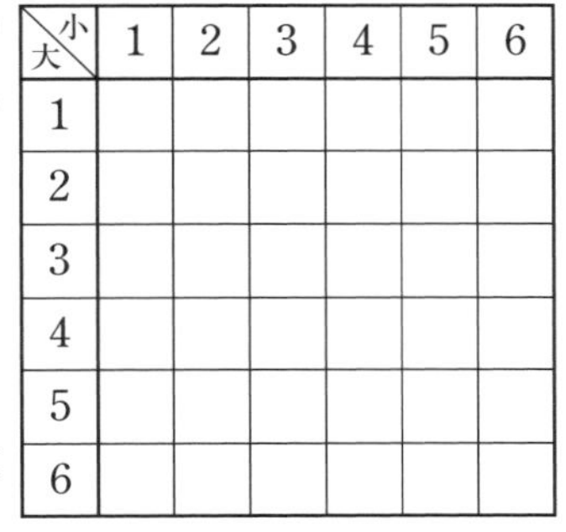

大＼小	1	2	3	4	5	6
1						
2						
3						
4						
5						
6						

(1)　目の出方は全部で何通りあるか。

〔　　　　　〕

(2)　出る目の和(わ)が4になる確率を求めよ。

〔　　　　　〕

(3)　出る目の和が4以下になる確率を求めよ。

〔　　　　　〕

④ 四分位数と箱ひげ図

▶ 次のデータは，9人の生徒の小テストの得点である。次の問いに答えなさい。

3，4，4，4，5，6，6，7，9（点）

(1)　四分位数を求めよ。

〔　　　　　〕

(2)　このデータの箱ひげ図をかけ。

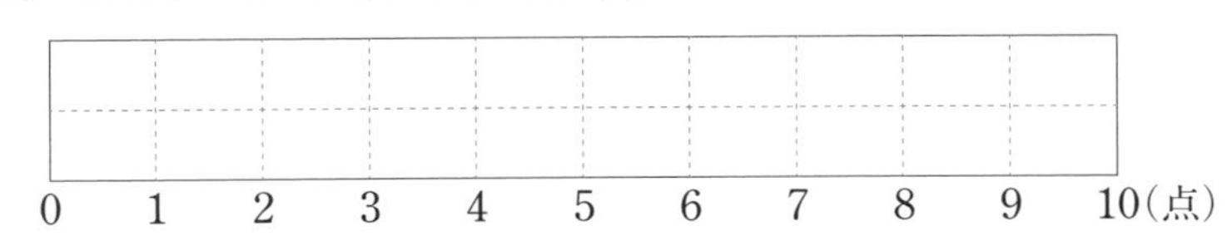

②～③ 確率の求め方

●確率の求め方

起こりうるすべての場合がn通りあり，そのどれが起こることも同様に確からしいとする。

そのうち，ことがらAの起こる場合がa通りあるとき，

ことがらAの起こる確率p

$$p=\frac{a}{n}$$

●かけ算の利用

ことがらAの起こり方がm通り，そのそれぞれについてことがらBの起こり方がn通りあるとき，**AとBが続けて起こる場合の数**は，$m \times n$(通り)。

例　大小2つのさいころを投げるとき，大の目の出方6通りのそれぞれについて，小の目の出方が6通りずつあるから，すべての目の出方は，
$6 \times 6 = 36$(通り)

確認　確率の性質

・必ず起こる確率⇨$p=1$
・決して起こらない確率⇨$p=0$

確率pの範囲(はんい)
$0 \leqq p \leqq 1$

④ 四分位数と箱ひげ図

●四分位数

データを小さい順に並べたとき，全体を4等分する位置にある3つの値を**四分位数**という。

・第1四分位数…前半のデータの中央値。
・第2四分位数…全体の中央値。
・第3四分位数…後半のデータの中央値。

●四分位範囲

(四分位範囲)＝(第3四分位数)－(第1四分位数)

●箱ひげ図

四分位数や最小値，最大値を，**箱と線分(ひげ)**で表した図。

データの分析・確率

実力完成テスト

＊解答と解説…別冊 p.11
＊時　間………20分
＊配　点………100点満点

得点　　　点

1

右の表は，あるクラスの男子20人の垂直とびの記録を，度数分布表にまとめたものである。

次の問いに答えなさい。〈7点×5〉

とんだ高さ(cm)	度数(人)	相対度数
以上　未満 45 ～ 50	3	0.15
50 ～ 55	4	0.20
55 ～ 60	6	
60 ～ 65	5	0.25
65 ～ 70	2	0.10
計	20	1.00

(1) 記録が53cm の生徒はどの階級に入るか答えよ。

(2) 55cm 以上60cm 未満の階級の相対度数を求めよ。

(3) 60cm 以上65cm 未満の階級までの累積度数(るいせきどすう)を求めよ。

(4) 60cm 以上65cm 未満の階級までの累積相対度数を求めよ。

(5) 記録が60cm 以上の生徒は，男子全体の何％か。

2

右の図は，あるクラスの生徒のボール投げの記録をヒストグラムに表したものである。

次の問いに答えなさい。〈6点×3〉

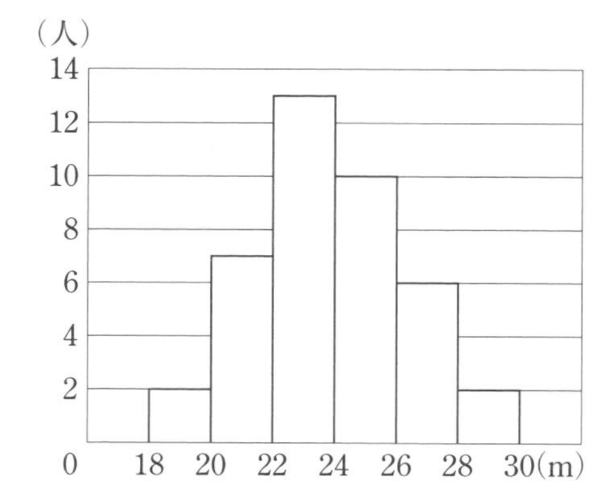

(1) このクラスの人数を求めよ。

(2) 最頻値(さいひんち)を求めよ。

(3) 度数折れ線(度数分布多角形(どすうぶんぷたかくけい))をヒストグラムにかき加えよ。

3 右の図のように，1から5までの数字を書いたカードが1枚ずつある。この5枚のカードをよくきって1枚ずつ取り出し，左から順に並べて2けたの整数をつくる。

1	2	3	4	5

このとき，次の問いに答えなさい。〈6点×3〉

(1) できる2けたの整数は全部で何通りあるか。

____

(2) 2けたの整数が偶数（ぐうすう）になる確率を求めよ。

____

(3) 2けたの整数が3の倍数になる確率を求めよ。

____

4 男子4人，女子2人の6人の中から2人の委員を選ぶとき，次の問いに答えなさい。〈7点×2〉

(1) 2人とも男子が選ばれる確率を求めよ。

____

(2) 男子と女子が1人ずつ選ばれる確率を求めよ。

____

5 次の3つのヒストグラムと箱ひげ図は，それぞれ同じデータから作成したものである。ヒストグラム(ア)～(ウ)に対応する箱ひげ図を，A～Cからそれぞれ選んで記号で答えなさい。〈5点×3〉

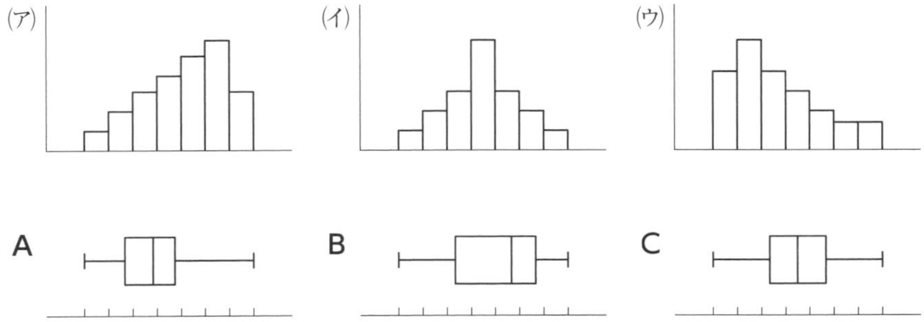

(ア) (イ) (ウ)

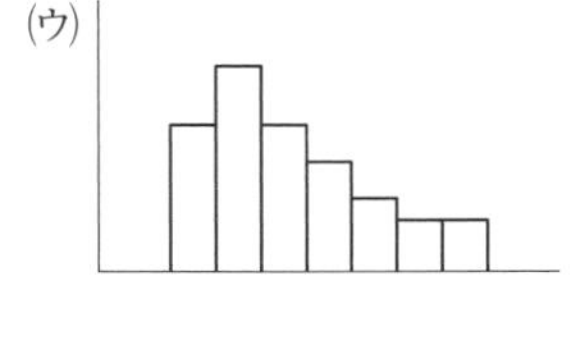

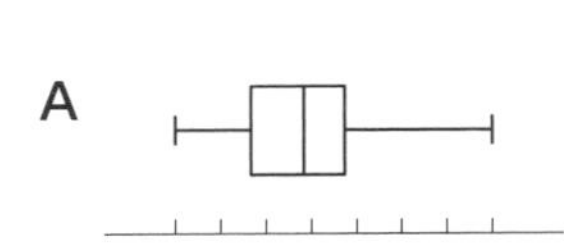

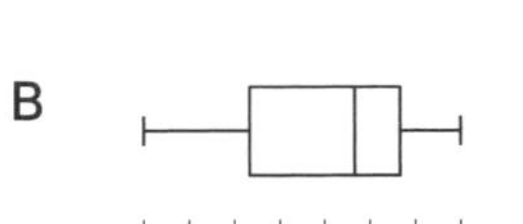

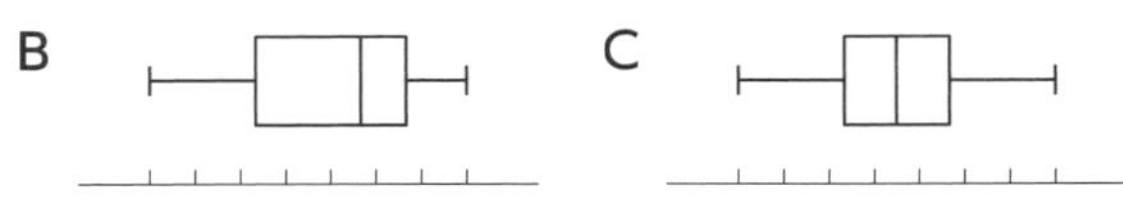

(ア)________ (イ)________ (ウ)________

1日目 2日目 3日目 4日目 5日目 6日目 7日目 8日目 9日目 10日目

総復習テスト 第1回

＊解答と解説…別冊 p.12
＊時　間………30分
＊配　点………100点満点

得点　　　点

1 次の計算をしなさい。 〈3点×6〉

(1) $6-9-(-2)$ （山形県）

(2) $5+4\times(-3^2)$ （京都府）

(3) $\frac{7}{15}\times(-3)+\frac{4}{5}$ （山梨県）

(4) $x^3\times(6xy)^2\div(-3x^2y)$ （滋賀県）

(5) $3(2x-y)-(x-5y)$ （福島県）

(6) $\frac{2x+y}{4}-\frac{x-2y}{6}$ （高知県）

2 次の問いに答えなさい。 〈4点×5〉

(1) 方程式(ほうていしき) $x-7=\frac{4x-9}{3}$ を解け。 （千葉県）

(2) 連立(れんりつ)方程式 $\begin{cases} 7x-3y=6 \\ x+y=8 \end{cases}$ を解け。 （2020東京都）

(3) $4x+2y=6$ を y について解け。 （岐阜県）

(4) $x=6$, $y=-\frac{1}{2}$ のとき，$12x^3y^2\div(-3x^2y)\times2y$ の値を求めよ。

(5) 右の図は，半径 2 cmの円を底面とする円錐(すい)の展開図であり，円錐の側面になる部分は半径 5 cmのおうぎ形である。このおうぎ形の中心角の大きさを求めよ。 （静岡県）

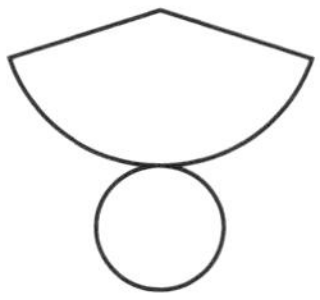

3 次の問いに答えなさい。 〈5点×2〉

(1) クラスで調理実習のために材料費を集めることになった。1人300円ずつ集めると材料費が2600円不足し，1人400円ずつ集めると1200円余る。このクラスの人数は何人か，求めよ。 (愛知県)

＿＿＿＿＿＿＿＿

(2) ある中学校の3年生の生徒数は175人で，そのうち男子の10%と女子の20%がテニス部員である。3年生のテニス部員の人数が男女合わせて26人であるとき，この学年の男子生徒数と女子生徒数をそれぞれ求めよ。

男子生徒数…＿＿＿＿＿＿＿＿，女子生徒数…＿＿＿＿＿＿＿＿

4 右の図のような長方形ABCDの周上を，点Pは頂点AからB，Cを通り，頂点Dまで秒速2cmで動く。

点Pが頂点Aを出発してからの時間をx秒，△APDの面積を$y$cm^{2}とするとき，次の問いに答えなさい。 〈4点×4〉

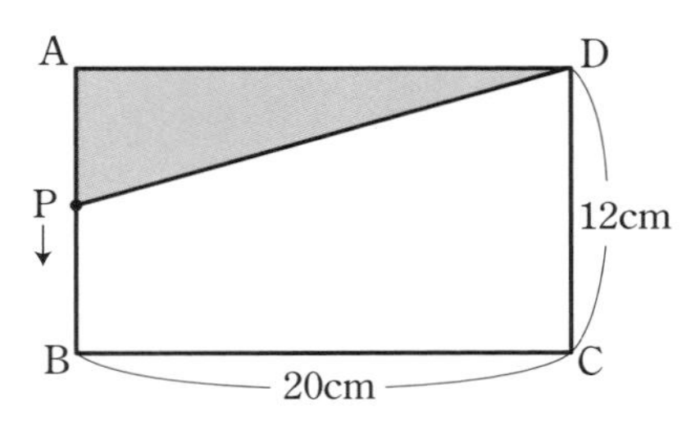

(1) 点Pが辺AB上にあるとき，yをxの式で表せ。ただし，xの変域(へんいき)も書くこと。

＿＿＿＿＿＿＿＿

(2) 点Pが辺CD上にあるとき，yをxの式で表せ。ただし，xの変域も書くこと。

＿＿＿＿＿＿＿＿

(3) 点Pが頂点Aを出発してから頂点Dに着くまでの，xとyの関係を表すグラフを右の図にかけ。

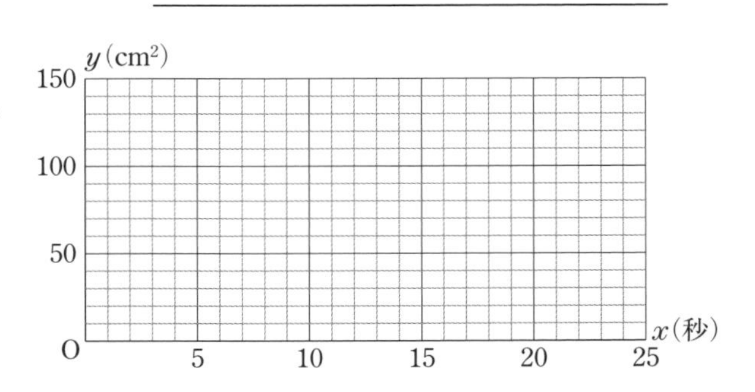

(4) △APDの面積が80cm^{2}になるのは，点Pが頂点Aを出発してから何秒後か。あてはまる場合をすべて答えよ。

＿＿＿＿＿＿＿＿

5 1から6までの目が出る2つのさいころA，Bを同時に投げるとき，次の問いに答えなさい。

〈4点×3〉

(1) 出た目の数の和が7となる確率を求めよ。

(2) 出た目の数の積が25以下になる確率を求めよ。 （新潟県）

(3) さいころAの出る目の数をa，さいころBの出る目の数をbとするとき，$10a+b$の値が8の倍数である確率を求めよ。 （大阪府改題）

6 次の図で，$\angle x$の大きさを求めなさい。ただし，点Oは円の中心である。 〈4点×4〉

(1) 点A，Bは直線PA，PBと円Oとの接点

(2) $\ell /\!/ m$ （大分県）

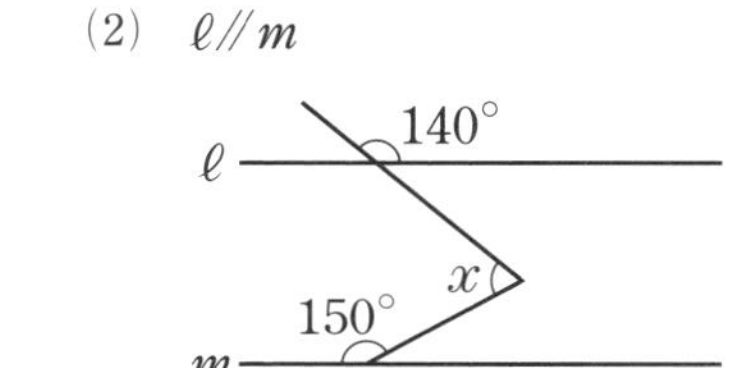

(3)

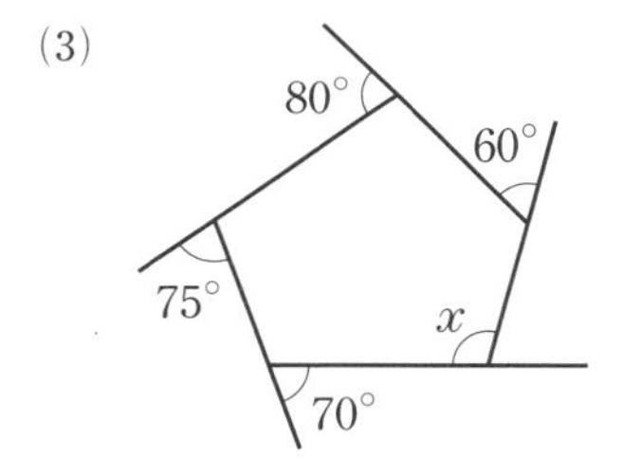

(4) DA＝DB＝DC

7 右の図のように，平行四辺形ABCDの頂点A，Cから対角線BDに垂線をひき，対角線との交点をそれぞれE，Fとする。

このとき，△ABE≡△CDFであることを証明しなさい。

（2020埼玉県）〈8点〉

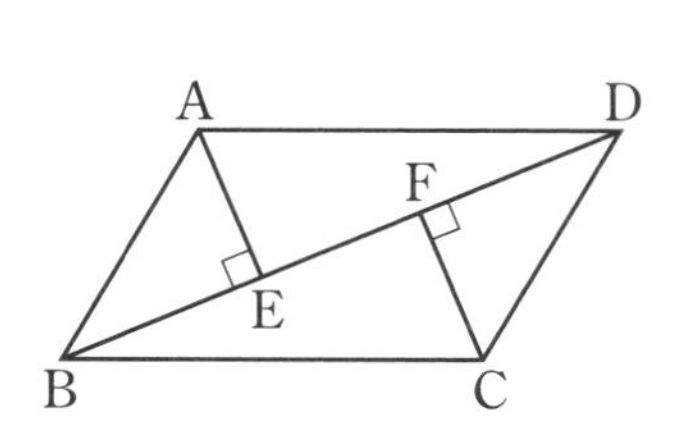

総復習テスト 第2回

＊解答と解説…別冊 p.14
＊時　間………30分
＊配　点………100点満点

得点　　　点

1 次の計算をしなさい。 〈4点×4〉

(1) $7\times2-9$ （新潟県）

(2) $-5^2+18\div\frac{3}{2}$ （千葉県）

(3) $3(x+6y)-2(x+8y)$ （山梨県）

(4) $\frac{x-y}{2}-\frac{x+3y}{7}$ （静岡県）

2 次の問いに答えなさい。 〈4点×5〉

(1) 2020を素因数分解すると，$2020=2^2\times5\times101$ である。$\frac{2020}{n}$が偶数（ぐうすう）となる自然数（しぜんすう）n の個数を求めよ。 （長崎県）

(2) 家から公園までの800m の道のりを，毎分60m で a 分間歩いたとき，残りの道のりが bm であった。残りの道のり b を，a を使った式で表せ。 （山口県）

(3) x と y についての連立方程式（れんりつほうていしき）$\begin{cases} ax+by=11 \\ ax-by=-2 \end{cases}$ の解が $x=3$，$y=-4$ であるとき，a，b の値を求めよ。 （2020埼玉県）

(4) y は x に比例し，$x=2$ のとき $y=-6$ となる。$x=-3$ のとき，y の値を求めよ。 （北海道）

(5) 袋（ふくろ）の中に，赤玉２個と白玉１個が入っている。この袋の中から玉を１個取り出し，色を調べて袋の中に戻してから，もう一度，玉を１個取り出すとき，２回とも赤玉が出る確率を求めよ。（兵庫県）

【次のページに続きます】

3 次の問いに答えなさい。

〈4点×2〉

(1)　ある動物園では，大人1人の入園料が子ども1人の入園料より600円高い。大人1人の入園料と子ども1人の入園料の比が5：2であるとき，子ども1人の入園料を求めよ。　（神奈川県改題）

(2)　Aさんと Bさんの持っている鉛筆の本数を合わせると50本である。Aさんの持っている鉛筆の本数の半分と，Bさんの持っている鉛筆の本数の$\frac{1}{3}$を合わせると23本になった。AさんとBさんが最初に持っていた鉛筆はそれぞれ何本か。ただし，AさんとBさんが最初に持っていた鉛筆の本数をそれぞれx本，y本として，その方程式と計算過程も書くこと。　（鹿児島県）

Aさん…＿＿＿＿＿＿＿＿，Bさん…＿＿＿＿＿＿＿＿

4 右の図で，点Aは直線ℓとx軸との交点，点Bは直線mとx軸との交点，点Pは直線ℓとmの交点である。これについて，次の問いに答えなさい。

〈4点×5〉

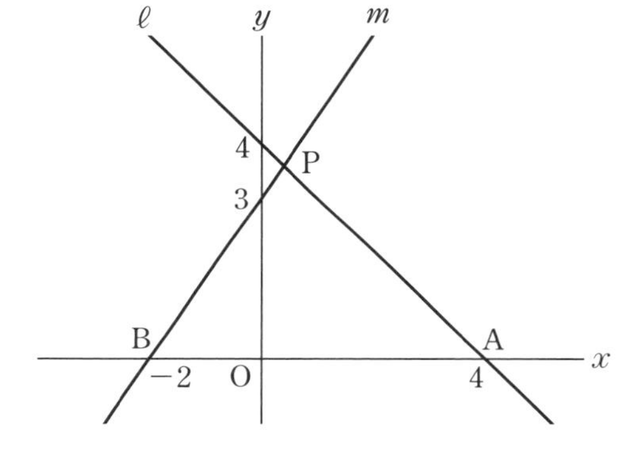

(1)　直線ℓの式を求めよ。

(2)　直線mの式を求めよ。

(3)　点Pの座標を求めよ。

(4)　△PABの面積を求めよ。ただし，座標の1めもりを1cmとする。

(5)　点Pを通り，△PABの面積を2等分する直線の式を求めよ。

5 右の度数分布表は，ある学級の生徒が日曜日に新聞を読んだ時間を表したものである。次の問いに答えなさい。〈4点×3〉

時間(分)	度数(人)
以上　未満 0 ～ 10	4
10 ～ 20	x
20 ～ 30	16
30 ～ 40	y
40 ～ 50	4
50 ～ 60	2
計	40

(1) 新聞を読んだ時間が40分未満である生徒は，全体の何％にあたるかを求めよ。

＿＿＿＿＿＿＿＿

(2) 10分以上20分未満の階級の相対度数が0.15であるとき，表中のx，yの値を求めよ。

x…＿＿＿＿＿＿＿＿，y…＿＿＿＿＿＿＿＿

6 次の長方形，直角三角形を，直線ℓを軸として1回転させたときにできる立体の体積と表面積をそれぞれ求めなさい。ただし，円周率はπとする。〈4点×4〉

(1)

体積…＿＿＿＿＿＿＿＿

表面積…＿＿＿＿＿＿＿＿

(2)

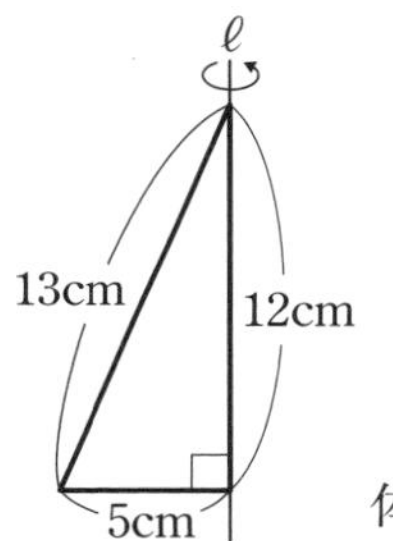

体積…＿＿＿＿＿＿＿＿

表面積…＿＿＿＿＿＿＿＿

7 右の図で，中心が四角形ABCDの辺AB上にあり，辺BCと辺ADに接する円と辺BCの接点Pを，定規とコンパスを用いて作図しなさい。なお，作図に用いた線は消さずに残しておくこと。(三重県)〈4点〉

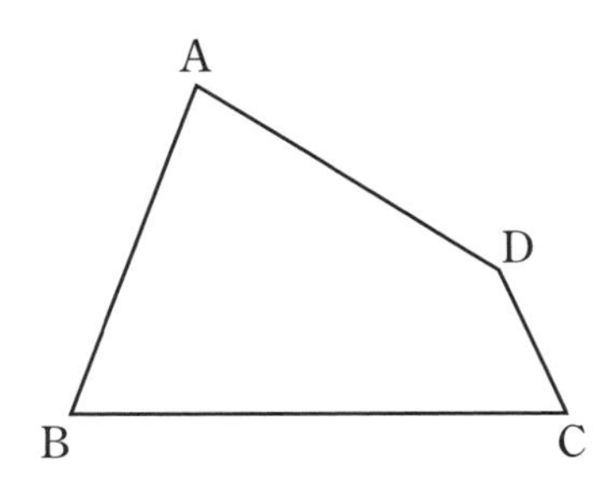

8 右の図は，AB＝AC，∠A＝36°の二等辺三角形である。∠Cの二等分線と辺ABとの交点をDとするとき，CD＝CBであることを証明しなさい。〈4点〉

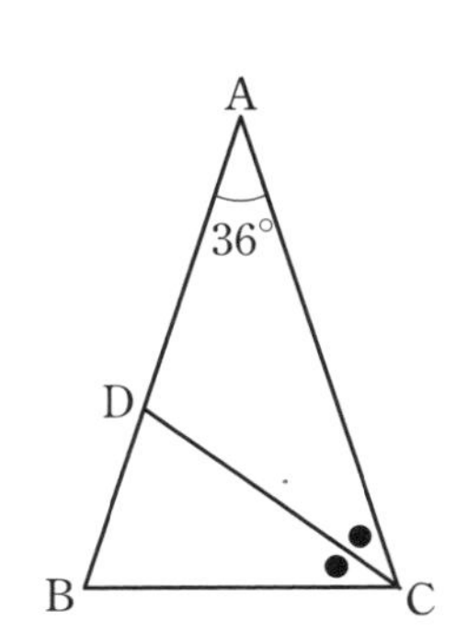

デザイン：山口秀昭（Studio Flavor）
表紙イラスト：ミヤワキキヨミ
編集協力：杉本丈典
DTP：株式会社 明昌堂
（データ管理コード　21-1772-0208（2020））

本書に関するアンケートにご協力ください。
右のコードかURLからアクセスし，以下の
アンケート番号を入力してご回答ください。
当事業部に届いたものの中から抽選で年間
200名様に，「**図書カードネットギフト**」
500円分をプレゼントいたします。

アンケート番号： **305372**

Webページ >>> https://ieben.gakken.jp/qr/10_chu1and2/

10日間完成　中１・２の総復習
数学　改訂版

2005年７月　初版発行
2011年11月　新版発行
2021年６月29日　改訂版第1刷発行

編者　学研プラス
発行人　代田雪絵
編集人　松田こずえ
編集担当　相原沙弥，佐藤史弥，白石菜摘
発行所　株式会社 学研プラス
〒141-8415　東京都品川区西五反田2-11-8
印刷所　株式会社 リーブルテック

●この本に関する各種お問い合わせ先
本の内容については，下記サイトのお問い合わせフォームよりお願いします。
https://gakken-plus.co.jp/contact/
在庫については
☎03-6431-1199（販売部）
不良品（落丁，乱丁）については
☎0570-000577
学研業務センター
〒354-0045 埼玉県入間郡三芳町上富279-1
上記以外のお問い合わせは
☎0570-056-710（学研グループ総合案内）

10日間完成

中1・2の総復習 ［改訂版］

別冊

本書と軽くのりづけされていますので，
はずしてお使いください。

解答と解説

Gakken

1日目 正の数・負の数

p.2 基礎の確認

1 正の数・負の数と絶対値

1 (1)-7 (2)$+3$ (3)$+3.5$ (4)$-\frac{2}{3}$

2 数直線上に -3，-1.5，$+2$，$+\frac{7}{2}$ の点（目盛り：-4，-3，-2，-1，0，1，2，3，4）

3 (1)6 (2)14 (3)9.8 (4)$\frac{4}{5}$

2 正の数・負の数の大小

(1)$+5>-7$ (2)$-3<0$

(3)$-5<-3$ (4)$-3.3<-2.4<0$

3 正の数・負の数の加法

(1)$+7$ (2)-10 (3)$+4$ (4)$+1$

4 正の数・負の数の減法，加減の混じった計算

(1)-6 (2)$+13$ (3)$+9$ (4)4（または，$+4$）

5 正の数・負の数の乗法・除法

(1)$+6$ (2)$+12$ (3)-15 (4)$+2$ (5)$+3$ (6)-4

6 累乗，乗除の混じった計算

(1)$+4$ (2)-1 (3)$+3$ (4)$+8$

7 四則の混じった計算

(1)-10 (2)-3 (3)-9 (4)$+3$

8 素因数分解

(1)$42=2\times3\times7$ (2)$225=3^2\times5^2$

これが重要！

● 3つ以上の数の積・商の符号

・負の数が偶数個 ⇨ ＋

・負の数が奇数個 ⇨ －

p.4 実力完成テスト

1 (1)① $-2.5<-\frac{3}{2}<0$

② $-\frac{5}{3}<-\frac{5}{4}<\frac{3}{4}$

(2)-3，-2，-1，0，$+1$，$+2$，$+3$

解説 (1)**(負の数)<0<(正の数)で，負の数どうしでは絶対値が大きいほど小さい。**

① $\frac{3}{2}=1.5$ で，$1.5<2.5$ だから，$-2.5<-\frac{3}{2}$

② $-\frac{5}{4}$ と $-\frac{5}{3}$ の絶対値 $\frac{5}{4}$ と $\frac{5}{3}$ は，分子が同じだから，分母が小さいほうが大きい。

よって，$\frac{5}{4}<\frac{5}{3}$ だから，$-\frac{5}{3}<-\frac{5}{4}$

2 (1)-14 (2)0 (3)-4 (4)-25

(5)6 (6)-5

解説 正の数・負の数の加減の計算に慣れたら，**かっこのない式に直し，正の項，負の項を集めて計算する**とよい。かっこのはずし方は，

・**＋(　)⇨そのままはずす。**

・**－(　)⇨かっこの中の数の符号を変えてはずす。**

(3)$-9-(-5)=-9+5=-4$

(5)$5+(-8)-(-9)=5-8+9=5+9-8$

$=14-8=6$

3 (1)-300 (2)4 (3)$-\frac{3}{2}$ (4)9 (5)-27

(6)-1

解説 (5)$18\div\left(-\frac{2}{3}\right)=-18\div\frac{2}{3}=-\overset{9}{\cancel{18}}\times\frac{3}{\underset{1}{\cancel{2}}}=-27$

逆数の符号はもとの数と同じであることに注意。

(6)$-\frac{3}{5}\div0.6=-\frac{3}{5}\div\frac{3}{5}=-\frac{3}{5}\times\frac{5}{3}=-1$

4 (1)24 (2)-40 (3)9 (4)$-\frac{5}{3}$

解説 (4)$\frac{5}{12}\div\frac{3}{10}\div\left(-\frac{5}{6}\right)=-\frac{5}{12}\times\frac{10}{3}\times\frac{6}{5}=-\frac{5}{3}$

5 (1)20 (2)1 (3)8 (4)$-\frac{1}{6}$

解説 (1)$5\times(-2)^2=5\times4=20$

(2)$-2^2\div(-4)=-4\div(-4)=1$

$(-2)^2=(-2)\times(-2)=4$，$-2^2=-(2\times2)=-4$ であることに注意。

(4)$-\frac{3}{10}\div\frac{4}{5}\times\left(-\frac{2}{3}\right)^2=-\frac{3}{10}\times\frac{5}{4}\times\frac{4}{9}=-\frac{1}{6}$

$\left(-\frac{2}{3}\right)^2=\frac{2^2}{3}=\frac{4}{3}$ とするミスに注意。

6 (1)-19 (2)95

解説 (1)$(-7)\times3-(-8)\div4=-21-(-2)=-19$

(2)$-5+(3-8)^2\times4=-5+(-5)^2\times4$

$=-5+25\times4=-5+100=95$

7 (1)$1764=2^2\times3^2\times7^2$ (2)15

解説 (2)2160を素因数分解すると，

$2160=2^4\times3^3\times5$　これに 3×5 をかけると，

$(2^4\times3^3\times5)\times(3\times5)=2^4\times3^4\times5^2$

$=(2^2\times3^2\times5)^2=180^2$

よって，$3\times5=15$ をかければよい。

式と計算

p.6 基礎の確認

1 文字式の表し方

1 (1) $5ab$ (2) $\frac{2}{5}x$ (3) $3x-2y^2$ (4) $\frac{x-3}{4}$

2 (1) $50a+80b$(円) (2) $4x$km

(3) $\frac{4}{5}x$ 円(または，$0.8x$ 円)

2 単項式の加減

(1) $5x$ (2) a (3) $-3a$ (4) $-x$

3 単項式の乗除，乗除の混じった計算

(1) $-6x$ (2) $3x$ (3) $12ab$ (4) $20x^2$

(5) $-4x$ (6) $\frac{2b}{a}$

4 多項式の加減

(1) $8x-3$ (2) $-a$ (3) $-a-4b$ (4) $-3x+2y$

5 数×多項式・多項式÷数，(数×多項式)の加減

(1) $2x-6y$ (2) $a-3b$ (3) $-2x+11y$

(4) $-5a-8b$

6 式の値

-9

これが重要！

同類項(文字の部分が同じ項)をまとめる計算は，分配法則を逆に使う計算のしかたと考えられる。

・**同類項をまとめる⇨ $mx+nx=(m+n)x$**

・**分配法則⇨ $(a+b)c=ac+bc$**

p.8 実力完成テスト

1 (1) $10a+b$ (2) $\frac{x+y+80}{3}$ 点

(3) $x-4y$(km) (4) $\frac{ab}{100}$ g

解説 (1)たとえば十の位の数が3，一の位の数が2の2けたの整数は，$10\times3+2=32$ である。

(2)**平均＝合計÷個数**　合計は各教科の得点の合計で，$x+y+80$(点)　個数は教科の数の3である。

(3)**道のり＝速さ×時間**　時速 $y$km で4時間進んだときの道のりは，$y\times4=4y$(km)

(4) a%⇨$\frac{a}{100}$　bg の $\frac{a}{100}$ にあたる量は，

$b\times\frac{a}{100}=\frac{ab}{100}$(g)

2 (1) $10a$ (2) x (3) $-2m+9n$

(4) $8x+2$ (5) $\frac{1}{6}x+\frac{5}{6}y$ (6) $1.5a-1.6b$

解説 **文字の部分が異なる項や，文字の項と数の項は，まとめることができない。**

(2) $4x-6x+3x=(4-6+3)x=1\times x=x$

(3) $2m+7n-4m+2n=2m-4m+7n+2n$

$=(2-4)m+(7+2)n=-2m+9n$

(5) $\frac{2}{3}x+\frac{1}{2}y-\frac{1}{2}x+\frac{1}{3}y=\left(\frac{2}{3}-\frac{1}{2}\right)x+\left(\frac{1}{2}+\frac{1}{3}\right)y$

$=\left(\frac{4}{6}-\frac{3}{6}\right)x+\left(\frac{3}{6}+\frac{2}{6}\right)y=\frac{1}{6}x+\frac{5}{6}y$

3 (1) $15xy$ (2) $4a^2$ (3) $-3y$ (4) -8

解説 (3)次のどちらかの方法で計算する。

① $12xy\div(-4x)=-\frac{12xy}{4x}=-3y$

② $12xy\div(-4x)=-12xy\times\frac{1}{4x}=-3y$

(4) $2ab\div\frac{1}{4}a\div(-b)=-2ab\div\frac{a}{4}\div b$

$=-2ab\times\frac{4}{a}\times\frac{1}{b}=-2\times4\times1=-8$

4 (1) $-4a+10$ (2) $-5x-2y$ (3) $-a+2$

(4) $4x-10y$ (5) $-5x-19y$ (6) $-a$

(7) $\frac{a+2b}{2}$ (8) $\frac{x+5y}{6}$

解説 **かっこをはずし，同類項があればまとめる。**

(4) $x-4y-3(-x+2y)=x-4y+3x-6y$

$=4x-10y$

(5) $3(x-3y)-2(4x+5y)=3x-9y-8x-10y$

$=-5x-19y$

(6) $2(a+b)-(9a+6b)\div3=2a+2b-(3a+2b)$

$=2a+2b-3a-2b=-a$

(7)**通分して，分子の同類項をまとめる。**通分するとき，**分子の式にはかっこ**をつけておく。

$a-\frac{a-2b}{2}=\frac{2a-(a-2b)}{2}=\frac{2a-a+2b}{2}$

$=\frac{a+2b}{2}$

(8) $\frac{x+y}{2}-\frac{x-y}{3}=\frac{3(x+y)-2(x-y)}{6}$

$=\frac{3x+3y-2x+2y}{6}=\frac{x+5y}{6}$

5 (1) 5 (2) 32

解説 (1)式を簡単にすると，$-a+b$

$a=-2$，$b=3$ を代入して，$-(-2)+3=5$

(2)式を簡単にすると，$-\frac{2}{3}xy$

$x=8$，$y=-6$ を代入して，$-\frac{2}{3}\times8\times(-6)=32$

3日目 方程式

p.10 基礎の確認

1 不等式

$63x+84y<600$

2 方程式とその解

イ，エ

3 等式の性質と移項

(1)ア 8　イ 8　ウ 10　(2)ア 5　イ 5　ウ −2

(3)ア 2　イ 2　ウ 14　(4)ア 4　イ 4　ウ 3

4 1次方程式の解き方

(1) $x=11$　(2) $x=6$　(3) $x=4$　(4) $x=-4$

5 いろいろな1次方程式の解き方

(1) $x=2$　(2) $x=6$　(3) $x=2$

6 1次方程式の利用

(1) $x+18=3x-4$　(2) 11

7 比と比例式

(1) $x=9$　(2) $x=21$

これが重要！

方程式の解とは，方程式を成り立たせる文字の値のこと。したがって，**解を方程式に代入すると方程式は成り立つ。**

方程式の解を求める(方程式を解く)には，**等式の性質**や**移項**を利用して，**方程式を $x=$～の形に変形**すればよい。

p.12 実力完成テスト

1 (1) $2x<y+12$　(2) $\frac{a}{b}\geqq 3$ (または，$a\geqq 3b$)

解説 不等号の使い方は，次のようになる。

- $x>5$ (x は5より大きい)
- $x<5$ (x は5より小さい，または，5未満)
- $x\geqq5$ (x は5以上)
- $x\leqq5$ (x は5以下)

2 (1) $x=-5$　(2) $x=-9$　(3) $x=-3$　(4) $x=\frac{1}{5}$

解説 (3) $16x+7=4x-29$，$16x-4x=-29-7$，
$12x=-36$，$x=-3$

3 (1) $x=-7$　(2) $x=3$　(3) $x=6$　(4) $x=-14$

解説 まず，**分配法則でかっこをはずす。かっこの前がーや負の数のとき，符号のミスに注意する。**

(4)かっこをはずすと，$4x-6-5x-5=3$
$4x-5x=3+6+5$，$-x=14$，$x=-14$

4 (1) $x=\frac{13}{12}$　(2) $x=11$　(3) $x=-18$　(4) $x=6$

解説 **係数が分数や小数**の方程式は，**両辺を何倍かして，係数を整数に直してから**解く。

(1)両辺に分母の5と3の最小公倍数15をかけて，
$9x-20=6-15x$

(2)両辺に分母の2と3の最小公倍数6をかけて分母をはらう。分子の式にかっこをつけておく。
$3(x+5)-2(x+1)=24$

(3)両辺に10をかけて，$2x-6=4x+30$

(4)両辺に100をかけて，$50(x-1)=25x+100$

5 (1) $x=\frac{10}{3}$　(2) $x=20$

解説 **$a:b=c:d$ ならば，$ad=bc$**

(1) $x\times18=6\times10$，$x=\frac{6\times10}{18}$，$x=\frac{10}{3}$

(2) $9\times(x-8)=4\times27$，$x-8=\frac{4\times27}{9}$，
$x-8=12$，$x=20$

6 (1) $a=15$　(2) $a=-3$

解説 解が与えられたら，**解をもとの方程式に代入**し，求める文字についての方程式を解く。

(1) $x+3=4x-a$ に $x=6$ を代入して，
$6+3=4\times6-a$，$a=24-6-3$，$a=15$

(2) $a(x-5)=a-x$ に $x=9$ を代入して，
$a(9-5)=a-9$，$4a=a-9$，$3a=-9$，
$a=-3$

7 (1) 154cm　(2) $\frac{20}{3}$ km

解説 (1)女子の身長の平均を $x$cm とすると，男子の身長の平均は $x+5$(cm)
女子6人の身長の合計と男子4人の身長の合計の和 $6x+4(x+5)$(cm)は，10人の身長の合計 $156\times10=1560$(cm)に等しいから，方程式は，
$6x+4(x+5)=1560$

(2) A町からB町までの道のりを $x$km とすると，
時間＝$\frac{\text{道のり}}{\text{速さ}}$ より，時速10km で行ったときにかかる時間は $\frac{x}{10}$ 時間。時速4km で行ったときにかかる時間は $\frac{x}{4}$ 時間。
よって，方程式は，$\frac{x}{10}=\frac{x}{4}-1$

連立方程式

p.14 基礎の確認

1 連立方程式の解

ウ

2 等式の変形

(1)$r=\frac{\ell}{2\pi}$ (2)$y=\frac{4-x}{2}$ $\left(\text{または, } y=2-\frac{x}{2}\right)$

3 連立方程式の解き方▷加減法

(1)ア $3y$ イ 2 ウ 2 エ 6 オ 6 カ 2

(2)ア $2y$ イ $7x$ ウ 1 エ 1 オ -2 カ 1 キ -2

4 連立方程式の解き方▷代入法

ア $x+3$ イ 6 ウ -3 エ -1 オ -1 カ 2 キ -1 ク 2

5 いろいろな連立方程式の解き方

(1)ア $x-2y$ イ 3 ウ 2

(2)ア $2x-3y$ イ 9 ウ 14

これが重要!

連立方程式を解くには, それぞれの方程式を整理して, $\begin{cases} ax+by=c \\ a'x+b'y=c' \end{cases}$ **の形にして加減法で解く。** **$x=$〜, $y=$〜の形の方程式があるときには代入法**の利用を考える。

p.16 実力完成テスト

1 (1)$x=2$, $y=-1$ (2)$x=5$, $y=2$ (3)$x=1$, $y=3$ (4)$x=-2$, $y=1$ (5)$x=5$, $y=-2$ (6)$x=2$, $y=3$

解説 (1)〜(4)は加減法, (5)(6)は代入法で解く。

上の方程式を①, 下の方程式を②とすると,

(1)①+②で y を消去。

(2)①×2−②で x を消去。

(3)①×3−②で y を消去するか, ①+②×3 で x を消去。

(4)①×2 $\quad 4x+6y=-2$

②×3 $\quad +)\ 15x-6y=-36$

$\qquad 19x \qquad =-38$ ⇨ $x=-2$

2 (1)$x=2$, $y=-1$ (2)$x=5$, $y=4$ (3)$x=8$, $y=-9$ (4)$x=-4$, $y=12$ (5)$x=5$, $y=4$ (6)$x=8$, $y=9$

解説 上の方程式を①, 下の方程式を②とする。

(2)②を整理すると, $2x-5y=-10$

(3)①の両辺に 6 をかけて, $3x+2y=6$

(4)②の両辺に10をかけて, $5x-2(y-2)=-40$

(5)それぞれに10をかけて, $\begin{cases} 2x+3y=22 \\ 4x-10y=-20 \end{cases}$

(6)①の両辺に100をかけてもよいが, 小数を分数に直して, $\frac{3}{4}x-\frac{1}{2}(y-1)=2$ とするとよい。

3 (1)$a=3$, $b=2$ (2)$a=4$, $b=-1$

解説 (1)$x=2$, $y=1$ を代入すると, $\begin{cases} 2a+b=8 \\ 2b-a=1 \end{cases}$

(2)2つの連立方程式が同じ解をもつので, それぞれの連立方程式から **a, b を含まない 2 つの方程式を組にした連立方程式 $\begin{cases} x+y=1 \\ 3x+2y=0 \end{cases}$ も同じ解をもつ。** これを解くと, $x=-2$, $y=3$

a, b を含む 2 つの方程式を組にした, $\begin{cases} ax-by=-5 \\ bx+ay=14 \end{cases}$ に $x=-2$, $y=3$ を代入して,

連立方程式 $\begin{cases} -2a-3b=-5 \\ -2b+3a=14 \end{cases}$ を解く。

4 (1)50円のクッキー…8 枚, 80円のクッキー…4 枚 (2)83 (3)男子…72人, 女子…84人

解説 (1)50円のクッキーを x 枚, 80円のクッキーを y 枚買ったとすると, $\begin{cases} x+y=12 \\ 50x+80y=720 \end{cases}$

(2)**十の位の数を x, 一の位の数を y とすると, もとの整数は, $10x+y$** x は y の 3 倍より 1 小さいから, $x=3y-1$…①

十の位の数と一の位の数を入れかえた数 $10y+x$ は, もとの数より45小さいから,

$10y+x=10x+y-45$…②

①, ②を連立方程式として解く。

(3)**昨年の男子入学者数を x 人, 女子入学者数を y 人**として連立方程式をつくることがポイント。

昨年の入学者数から, $x+y=156-6$…①

今年の入学者は, 男子が昨年の10%減だから $\frac{90}{100}x$ 人, 女子が20%増だから, $\frac{120}{100}y$ 人より,

$\frac{90}{100}x+\frac{120}{100}y=156$…②

①, ②を連立方程式として, $x=80$, $y=70$

今年の入学者数は,

男子…$80\times\frac{90}{100}=72$(人), 女子…$70\times\frac{120}{100}=84$(人)

5 日目 比例・反比例

p.18 基礎の確認

1 比例の関係・反比例の関係

比例するもの…ア，式… $y=2x$

反比例するもの…ウ，式… $y=\dfrac{6}{x}$

2 比例・反比例の式の求め方

(1) $y=-3x$

(2) $y=\dfrac{12}{x}$

3 座　標

(1) A(2，4)

B(−5，3)

(2)右の図

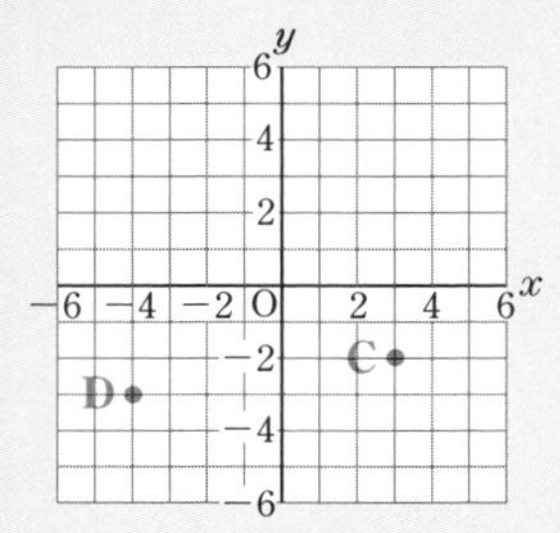

4 比例のグラフ

(1) $y=-2x$

(2)右の図

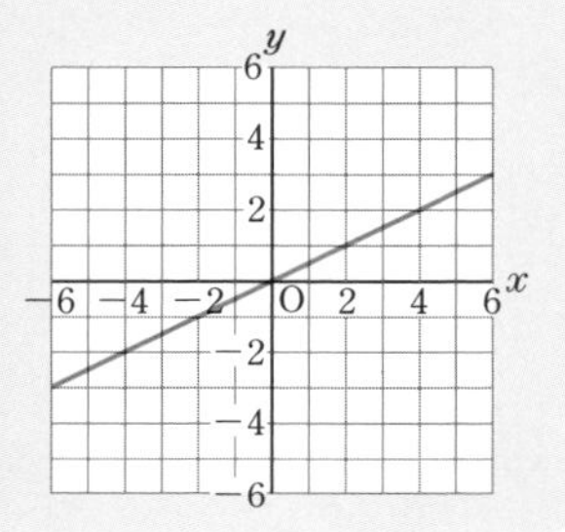

5 反比例のグラフ

イ

これが重要！

●**比例**　式… $\boldsymbol{y=ax}$（a は比例定数）

グラフ…原点を通る直線

●**反比例**　式… $\boldsymbol{y=\dfrac{a}{x}}$（$a$ は比例定数）

グラフ…双曲線

p.20 実力完成テスト

1 (1)式… $y=-\dfrac{2}{3}x$，y の値… $y=4$

(2)式… $y=-\dfrac{36}{x}$，y の値… $y=-6$

解説 (1) y が x に**比例**するから，式を $\boldsymbol{y=ax}$ とおき，$x=3$，$y=-2$ を代入すると，

$-2=a\times3$ より，$a=-\dfrac{2}{3}$

$y=-\dfrac{2}{3}x$ に $x=-6$ を代入して，

$y=-\dfrac{2}{3}\times(-6)=4$

(2) y が x に**反比例**するから，式を $\boldsymbol{y=\dfrac{a}{x}}$ とおき，$x=-3$，$y=12$ を代入すると，

$12=\dfrac{a}{-3}$ より，$a=-36$

$y=-\dfrac{36}{x}$ に $x=6$ を代入して，$y=-\dfrac{36}{6}=-6$

2 (1)① $y=\dfrac{1}{9}x$　② 12m

(2)① 90L　② $y=\dfrac{90}{x}$　③ 9 L

解説 (1)① y は x に**比例**すると考えられるから，式を $\boldsymbol{y=ax}$ とおき，**対応する x と y の値 $x=18$，$y=2$ を代入**すると，

$2=a\times18$ より，$a=\dfrac{1}{9}$

② $y=\dfrac{1}{9}x$ に，$x=108$ を代入して，$y=\dfrac{1}{9}\times108=12$

(2)① $5\times18=90$(L)

② $xy=90$ より，$y=\dfrac{90}{x}$

③ $y=\dfrac{90}{x}$ に $y=10$ を代入して，$10=\dfrac{90}{x}$，$x=9$

3 (1)(4，3)

(2) $y=\dfrac{3}{4}x$

(3) $y=\dfrac{4}{3}x$

(4) $y=\dfrac{8}{x}$

(5)右の図

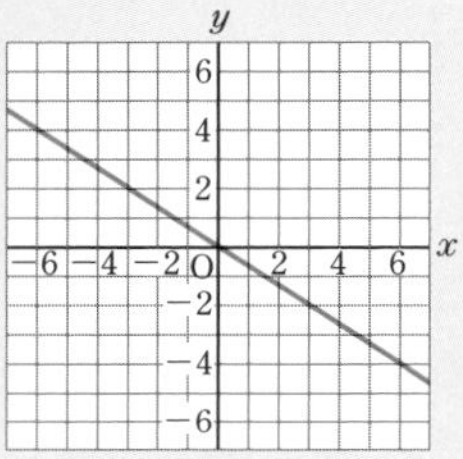

解説 (2) $y=ax$ に**点 P の座標の値 $x=4$，$y=3$ を代入**して a の値を求める。

(3)グラフは，点(3，4)を通っている。

(4) $y=\dfrac{a}{x}$ に，グラフが通る点(4，2)の座標の値を代入して，$2=\dfrac{a}{4}$ より，$a=8$

(5)原点と，点(6，−4)を通る直線をひく。
└(−6，4)や(3，−2)などでもよい。

4 (1) $0\leqq x\leqq8$

(2) $y=2x$

(3) 6 cm

(4)右の図

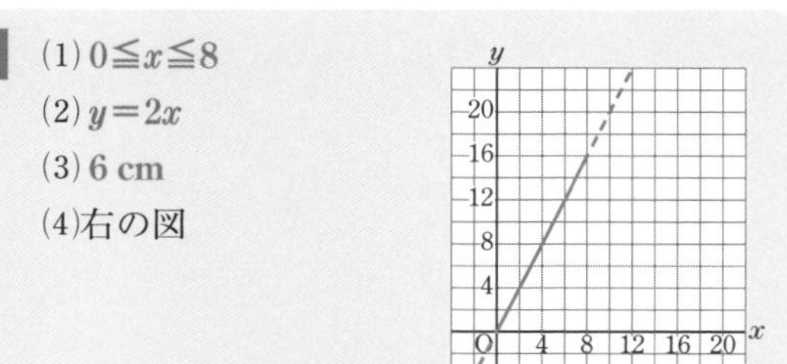

解説 (1)点 P が頂点 B にあるとき $x=0$，点 P が頂点 C にあるとき $x=8$

(2)△ABP の面積は，$y=\dfrac{1}{2}\times x\times4=2x$（$x$…BP，4…AB）

(3) $y=2x$ に $y=12$ を代入して，$12=2x$，$x=6$

(4) $y=2x$ は比例のグラフで直線だが，ふつう**変域以外のところは点線でかくか，何もかかない。**

1 次関数

p.22 基礎の確認

1 1 次関数の式

ア，ウ，エ

2 1 次関数の変化の割合

[1] (1) $y=1$　(2) 9

(3) 3

[2] (1) -2　(2) -8

3 1 次関数のグラフ

(1)傾き… $\frac{1}{2}$

切片… -1

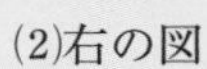

(2)右の図

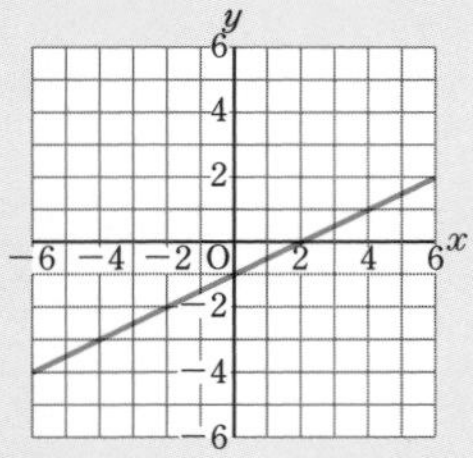

4 1 次関数の式の求め方

(1) $y=3x-2$　(2) $y=\frac{1}{2}x-2$　(3) $y=x-1$

5 方程式とグラフ

(1) $y=3$　(2) $x=2$，$y=1$

これが重要！

- 1 次関数の式… $y=ax+b$ （a，b は定数）
- 1 次関数 $y=ax+b$ のグラフ
  …傾き a，切片 b の直線
- 変化の割合 $=\frac{y \text{の増加量}}{x \text{の増加量}}$
- 1 次関数 $y=ax+b$ では変化の割合は一定で，a の値に等しい。

p.24 実力完成テスト

1 (1) $y=7$　(2) $0 \leqq y \leqq 5$　(3) -5

解説 (1) $y=-\frac{1}{2}x+3$ に $x=-8$ を代入する。

(2) $x=-4$ のとき $y=5$，$x=6$ のとき $y=0$

(3) $y=-\frac{1}{2}x+3$ では，x が 1 増加すると

y は $-\frac{1}{2}$ 増加するから，x が10増加すると，

y は $-\frac{1}{2}\times 10=-5$　増加する。

2 (1) $y=\frac{4}{5}x-2$　(2) $y=2x-3$

(3) $y=8x-20$

解説 (2) $y=2x$ のグラフは，傾き 2，切片 0 の直線。

求める式は，傾き 2，切片 -3 の直線の式。

3 (1) $y=4x+20$　(2)25分後

解説 (1)毎分 4 L ずつ増えるから，変化の割合は一定で 4。また，$x=0$ のとき $y=20$

(2) $y=4x+20$ に $y=120$ を代入して，

$120=4x+20$ より，$x=25$（分後）

4 (1) $y=-\frac{4}{3}x+4$

(2) $y=-\frac{8}{3}x+4$

(3)右の図

(4) $\left(\frac{21}{8},\ \frac{1}{2}\right)$

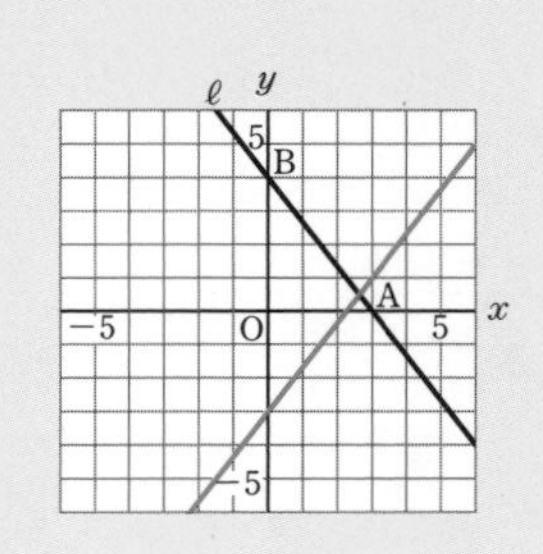

解説 (1)傾きは $-\frac{4}{3}$ で，切片は 4

(2)点 B と線分 OA の中点を通る直線の式を求める。

線分 OA の中点の座標は，グラフから，$\left(\frac{3}{2},\ 0\right)$

(3)方程式 $4x-3y=9$ を $y=\frac{4}{3}x-3$ と変形すると，

傾き $\frac{4}{3}$，切片 -3 の直線である。

(4)グラフより，交点の座標は整数にならないので，

連立方程式 $\begin{cases} y=-\frac{4}{3}x+4 \\ 4x-3y=9 \end{cases}$ を解いて求める。

5 (1)休んだ時間…10分

家から公園までの道のり… 9 km

(2)時速12km　(3) 6 km

解説 (1)横軸に時間，縦軸に道のりをとってグラフをかくと，**休む部分**は時間だけが増えて道のりは増えないので，**グラフは横軸に平行**になる。

グラフが横軸に平行なのは，家を出発してから，30分後から40分後までの10分間で，家から 9 km の地点。

(2)公園からサッカー場までの 3 km を15分間で走っているので，速さ $=\frac{\text{道のり}}{\text{時間}}$ より，時速

$3\div\frac{15}{60}=12$ (km)

(3)時速24km は10分間で 4 km 走る。姉のグラフをかき入れ，グラフから読みとるとよい。

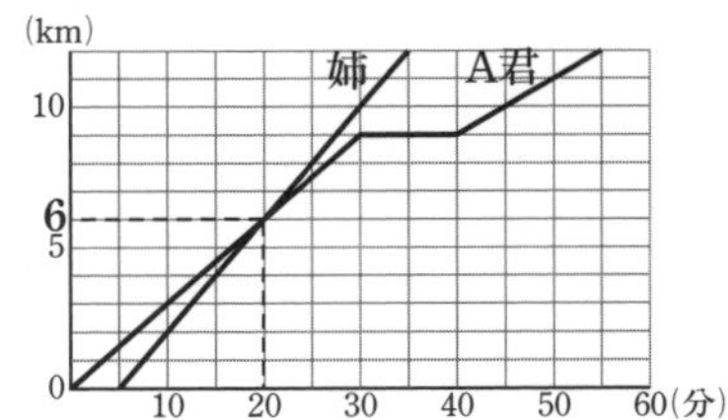

7日目 平面図形・空間図形

p.26 基礎の確認

1 基本の作図

右の図

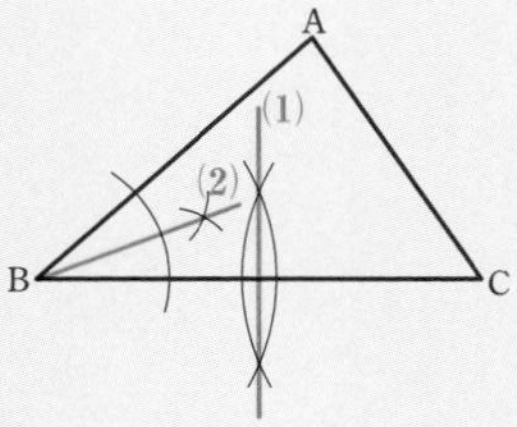

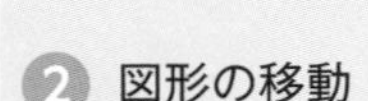

2 図形の移動

[1]下の図　　[2]下の図

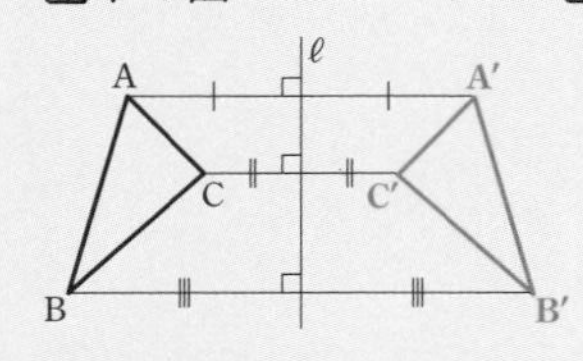

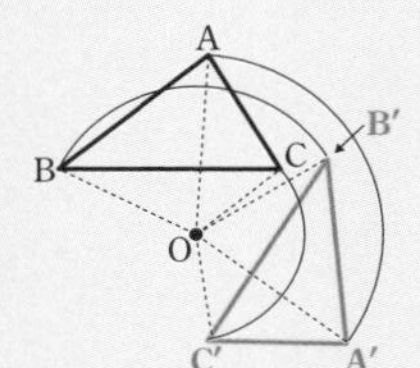

3 おうぎ形の弧の長さと面積

弧の長さ…4πcm，面積…20πcm^2

4 直線や平面の位置関係

(1)面 DEF　(2)辺CF　(3)3つ

(4)辺 CF，辺 DF，辺 EF

5 回転体，展開図，投影図

[1](1)円錐　(2)ウ

[2](1)円柱　(2)円錐

6 立体の表面積と体積

表面積…96cm^2，体積…48cm^3

解説 6 **表面積＝側面積＋底面積**

$$=\left(\frac{1}{2}\times6\times5\right)\times4+6\times6$$

これが重要！

●おうぎ形の弧の長さ・面積…**同じ半径の円のどれだけにあたるかを考える。**

●角錐・円錐の体積…**同じ底面積，同じ高さの角柱・円柱の体積の$\frac{1}{3}$**

p.28 実力完成テスト

1 右の図

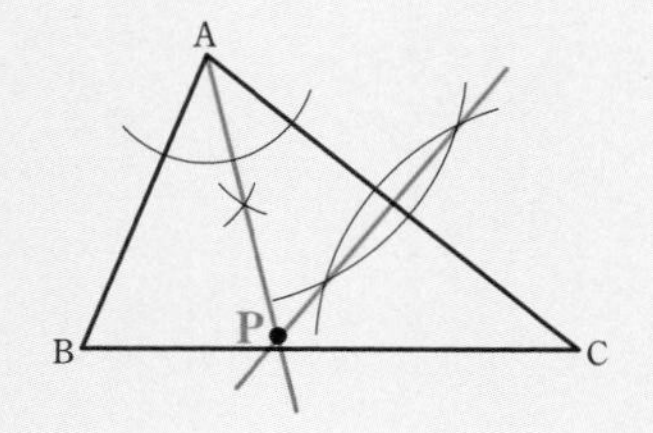

解説 辺 AC の垂直二等分線と∠A の二等分線の交点が求める点 P。

2 (1)△CRO　(2)△DRO

解説 次の図のようになる。

(1)回転移動　　(2)対称移動

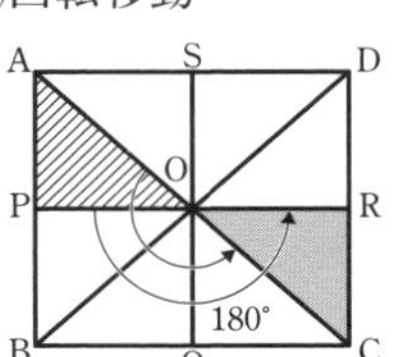

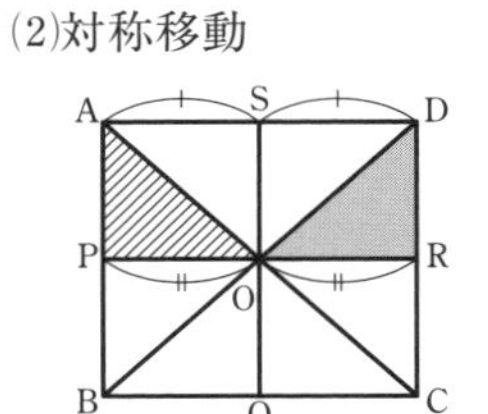

3 (1)面積…9πcm^2，周の長さ…$2\pi+18$(cm)

(2)90°

解説 (1)周の長さは，**(弧の長さ)＋(半径の長さ)×2**

(2)中心角の大きさを a°とすると，

$$2\pi\times24\times\frac{a}{360}=12\pi$$

4 (1)○　(2)×　(3)○　(4)×　(5)×

解説 直方体の辺と面で考えてみるとよい。

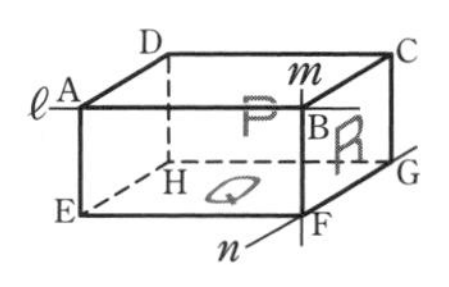

(2) AB⊥BF，BF⊥FG

(4)辺 AB は面 DHGC，面 HEFG にともに平行。

(5)面 DHGC⊥面 HEFG，面 HEFG⊥面 BFGC

5 (1)表面積…112cm^2，体積…80cm^3

(2)表面積…144πcm^2，体積…128πcm^3

(3)表面積…144πcm^2，体積…288πcm^3

解説 (1)側面積＝$(5\times4)\times4=80$(cm^2)

底面積＝$4\times4=16$(cm^2)

表面積＝$80+16\times2=112$(cm^2)

体積＝$4\times4\times5=80$(cm^3)

(2)できる立体は，底面の半径 8 cm，母線の長さ10cm，高さ 6 cm の円錐。

側面は半径10cm，弧の長さ $2\pi\times8=16\pi$(cm) のおうぎ形。

半径 r，弧の長さ ℓ のおうぎ形の面積 S は，$S=\frac{1}{2}\ell r$ だから，側面積は，

$$\frac{1}{2}\times16\pi\times10=80\pi(\text{cm}^2)$$

体積＝$\frac{1}{3}\times(\pi\times8^2)\times6=128\pi$(cm^3)

(3)表面積＝$4\pi\times6^2=144\pi$(cm^2)

体積＝$\frac{4}{3}\pi\times6^3=288\pi$(cm^3)

平行と合同

p.30 基礎の確認

1 対頂角，平行線と角

$\angle a=40^\circ$，$\angle b=97^\circ$，$\angle c=43^\circ$

2 三角形の内角と外角

(1)$\angle x=70^\circ$　(2)$\angle x=123^\circ$　(3)$\angle x=75^\circ$

3 多角形の内角と外角

(1)540°　(2)108°　(3)30°

4 三角形の合同条件

△ABC≡△JLK…3組の辺がそれぞれ等しい

△DEF≡△QRP…2組の辺とその間の角がそれぞれ等しい

△GHI≡△NMO…1組の辺とその両端の角がそれぞれ等しい

5 図形と証明

アAP＝BP　**イ**∠AOP＝∠BOP(または，∠XOP＝∠YOP)　**ウ**AP＝BP

エOP＝OP　**オ**3組の辺　**カ**≡　**キ**角の大きさ

ク∠AOP＝∠BOP(または，∠XOP＝∠YOP)

これが重要！

- 三角形の内角の和は，**180°**
- 三角形の外角は，**それととなり合わない2つの内角の和に等しい。**
- 三角形の合同条件　**①3組の辺**
  ②2組の辺とその間の角
  ③1組の辺とその両端の角

p.32 実力完成テスト

1 (1)180°　(2)$c/\!/e$　(3)ウ　(4)162°

解説 (1)$\angle a$，$\angle b$，$\angle c$の対頂角はそれぞれ等しいので，$2(\angle a+\angle b+\angle c)=360^\circ$

(3)2つの角の和が90°ならば，残りの1つの角は$180^\circ-90^\circ=90^\circ$で直角。

(4)正二十角形の1つの外角の大きさは，$360^\circ\div20=18^\circ$　よって，1つの内角の大きさは，$180^\circ-18^\circ=162^\circ$

2 (1)$\angle x=92^\circ$　(2)$\angle x=70^\circ$
(3)$\angle x=68^\circ$　(4)$\angle x=85^\circ$

解説 (1)(2)右上の図のように補助線をひく。

(1)

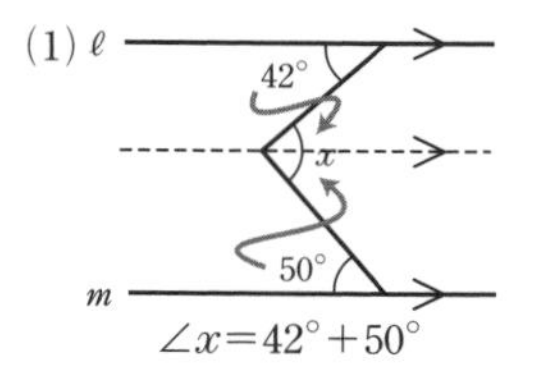

$\angle x=42^\circ+50^\circ$

(2)

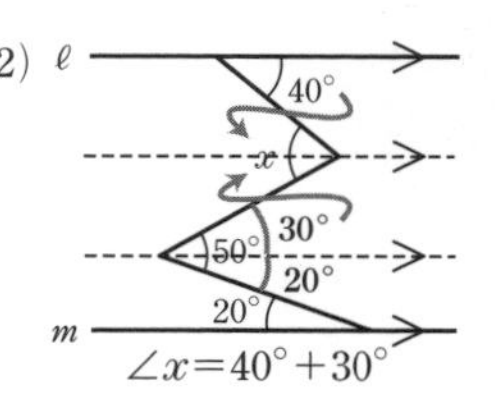

$\angle x=40^\circ+30^\circ$

(3)(4)三角形の内角の和，外角の性質を利用する。

(3)

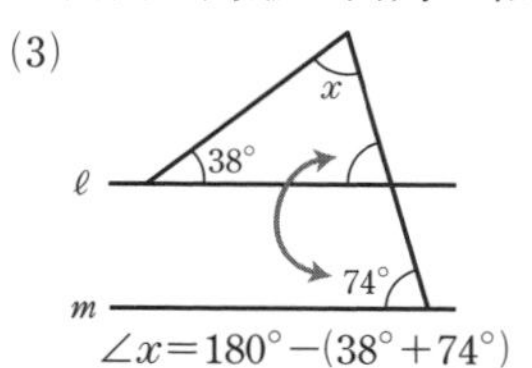

$\angle x=180^\circ-(38^\circ+74^\circ)$

(4)

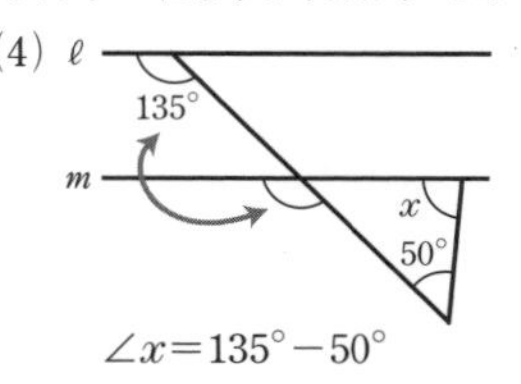

$\angle x=135^\circ-50^\circ$

3 (1)$\angle x=50^\circ$　(2)$\angle x=142^\circ$

解説 (1)

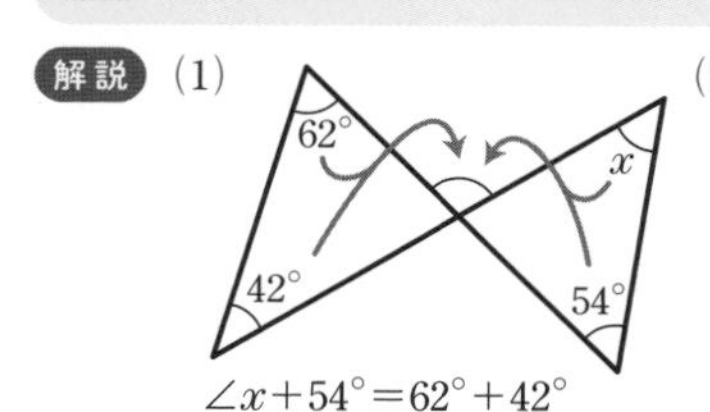

$\angle x+54^\circ=62^\circ+42^\circ$

(2)

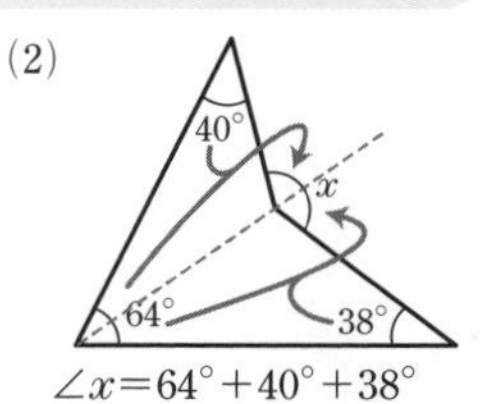

$\angle x=64^\circ+40^\circ+38^\circ$

4 (1)123°　(2)180°

解説 (1)∠Bの$\frac{1}{2}$の角の大きさを$\angle b$，∠Cの$\frac{1}{2}$の角の大きさを$\angle c$とすると，

$2\angle b+2\angle c=180^\circ-66^\circ=114^\circ$

$\angle b+\angle c=57^\circ$

△PBCで，∠BPC
$=180^\circ-57^\circ=123^\circ$

(2)5つの角の和は，1つの三角形の内角の和に等しくなる。

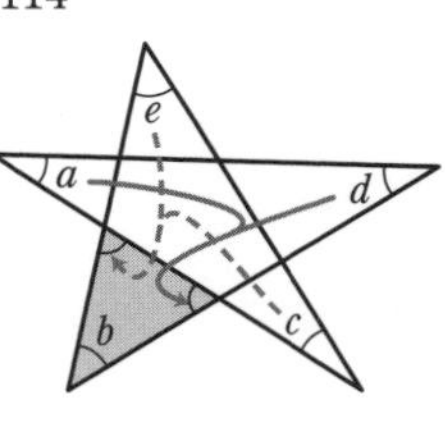

5 1組の辺とその両端の角がそれぞれ等しい

解説 AO＝BO(仮定)，∠AOC＝∠BOD(対頂角)，∠CAO＝∠DBO(平行線の錯角)

6 **(仮定)AB＝AC，∠BAD＝∠CAD**
(結論)BD＝CD

(証明)△ABDと△ACDで，

仮定より，AB＝AC　…①

∠BAD＝∠CAD　…②

また，AD＝AD　…③

①，②，③より，2組の辺とその間の角がそれぞれ等しいので，△ABD≡△ACD

合同な図形の対応する辺の長さは等しいので，BD＝CD

解説 共通な辺ADを見落とさないこと。

三角形と四角形

p.34 基礎の確認

1 二等辺三角形の性質

(1)$\angle x=55^\circ$　(2)$\angle x=50^\circ$

2 直角三角形の合同条件

△ABC≡△HIG…斜辺と1鋭角がそれぞれ等しい

△DEF≡△JKL…斜辺と他の1辺がそれぞれ等しい

3 平行四辺形の性質

(1)$\angle x=70^\circ$，$\angle y=110^\circ$

(2)$x=6$，$y=5$

4 平行四辺形になるための条件

ア AC＝CA　イ ∠ACB＝∠CAD

ウ 2組の辺とその間の角　エ ≡　オ ∠DCA

カ AB　キ DC　ク 2組の対辺がそれぞれ平行

5 特別な平行四辺形

(1)ひし形　(2)長方形　(3)正方形

6 平行線と面積

△ABE，△ACF，△BCF

解説 **6** 平行線に着目する。

AE∥BC より，△ACE＝△ABE

EF∥AC より，△ACE＝△ACF

AB∥FC より，△ACF＝△BCF

これが重要！

●二等辺三角形の性質

●直角三角形の合同条件

●平行四辺形の定義・性質と条件

●特別な平行四辺形

以上をサイドの要点で確認しておくこと。

p.36 実力完成テスト

1 (1)$\angle x=38^\circ$　(2)$\angle x=18^\circ$

(3)$\angle x=108^\circ$　(4)$\angle x=21^\circ$

解説 (1)$\angle BAC=180^\circ-109^\circ=71^\circ$

$\angle x=180^\circ-71^\circ\times2=38^\circ$

(2)$\angle ADB=(180^\circ-48^\circ)\div2=66^\circ$，$\angle ACB=48^\circ$，

$\angle x=66^\circ-48^\circ=18^\circ$

(3)$\angle ACB=\angle ABC=(180^\circ-36^\circ)\div2=72^\circ$

$\angle DBC=72^\circ\div2=36^\circ$，$\angle x=72^\circ+36^\circ=108^\circ$

(4)$\angle EAD=46^\circ$

$\angle AED=(180^\circ-46^\circ)\div2=67^\circ$

$\angle x=67^\circ-46^\circ=21^\circ$

2 ア CEB　イ 90　ウ BC　エ CB

オ DCB　カ EBC　キ 斜辺と1鋭角

ク ≡　ケ BD＝CE

解説 **直角三角形の合同条件を利用するときは，2つの三角形が直角三角形であることを，はじめに示しておく。**この問題では，

$\angle BDC=\angle CEB=90^\circ$のように示している。

3 (1)$\angle x=35^\circ$　(2)$\angle x=36^\circ$

解説 **平行四辺形の定義**および，**平行四辺形の対角は等しい**ことを利用する。

(1)$\angle B=\angle D=70^\circ$

△ABEで，$\angle x+75^\circ+70^\circ=180^\circ$，$\angle x=35^\circ$

(2)AB∥DCより，$\angle AED=\angle BAE=55^\circ$

△BCEで，三角形の内角と外角より，

$14^\circ+77^\circ=\angle x+55^\circ$，$\angle x=36^\circ$

4 (1)ひし形　(2)長方形

解説 (1)**となり合う辺が等しい平行四辺形はひし形。**

(2)**となり合う角が等しい平行四辺形は長方形。**

5 右の図

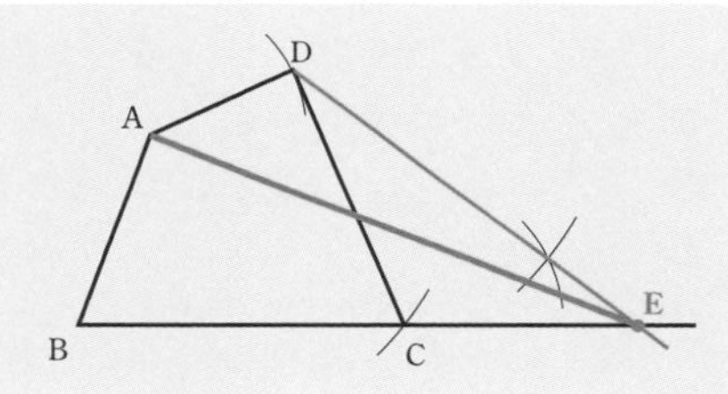

解説 点Dを通り，ACに平行な直線をひき，直線BCとの交点をEとする。

DE∥ACより，△ADC＝△AEC

四角形ABCD＝△ABC＋△ADC

＝△ABC＋△AEC＝△ABE

6 **（証明）仮定より，AM∥NC　…①**

平行四辺形の対辺は等しいから，

AB＝DC

M，Nはそれぞれ辺AB，DCの中点だから，

AM＝NC　…②

①，②より，1組の対辺が平行で，その長さが等しいので，四角形AMCNは平行四辺形である。

解説 AB＝DCだから，$\frac{1}{2}AB=\frac{1}{2}DC$で，

AM＝NCである。

10日目 データの分析・確率

p.38 基礎の確認

1 データの分布の表し方

[1](1) 3 人　(2) 12人　(3) 0.25

[2](1) 48.5kg　(2) 45kg 以上50kg 未満の階級

(3) 47.5kg

2 確率の求め方▷樹形図の利用

(1) 8 通り　(2) $\frac{1}{8}$　(3) $\frac{3}{8}$

3 確率の求め方▷表の利用

(1) 36通り　(2) $\frac{1}{12}$　(3) $\frac{1}{6}$

4 四分位数と箱ひげ図

(1)第 1 四分位数… 4 点，第 2 四分位数… 5 点，第 3 四分位数…6.5点

(2)

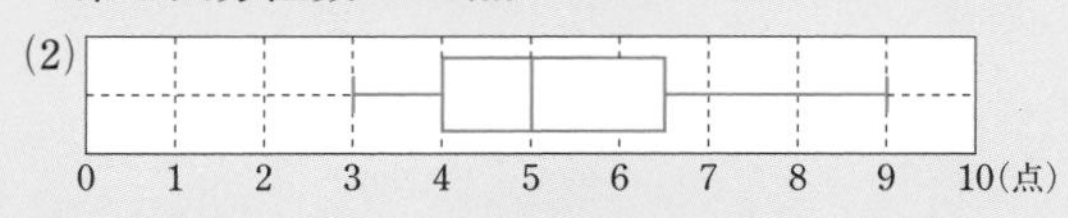

解説 4 (1)データの個数は 9 個で奇数だから，第 2 四分位数は 5 番目の 5 点である。第 1 四分位数は 2 番目と 3 番目の平均値 4 点である。第 3 四分位数は 7 番目と 8 番目の平均値で6.5点である。

(2)箱の左はしは第 1 四分位数の 4 点，右はしは第 3 四分位数の6.5点である。第 2 四分位数の 5 点の位置に線をひく。左右の線分(ひげ)の左はしは最小値 3 点，右はしは最大値 9 点である。

これが重要！

●相対度数＝$\frac{\text{その階級の度数}}{\text{度数の合計}}$

●確率の求め方…すべての場合の数が n 通り，ことがら A の起こる場合が a 通りあるとき，

A の起こる確率 $p=\frac{a}{n}$

p.40 実力完成テスト

1 (1)50cm 以上55cm 未満の階級　(2)0.30　(3)18人　(4)0.90　(5)35%

解説 (2)55cm 以上60cm 未満の階級の度数は6人だから，相対度数は，6÷20＝0.30

(3)最初の階級から60cm 以上65cm 未満の階級までの度数の合計は，3＋4＋6＋5＝18(人)

(4)最初の階級から60cm 以上65cm 未満の階級までの相対度数の合計は，

0.15＋0.20＋0.30＋0.25＝0.90

(別解) 次の65cm 以上70cm 未満の階級の相対度数が0.10だから，1.00－0.10＝0.90

(5)記録が60cm 以上の生徒の割合は，2 つの階級の相対度数の和で，0.25＋0.10＝0.35

よって，男子全体の35%である。

2 (1)40人　(2)23m　(3)右の図

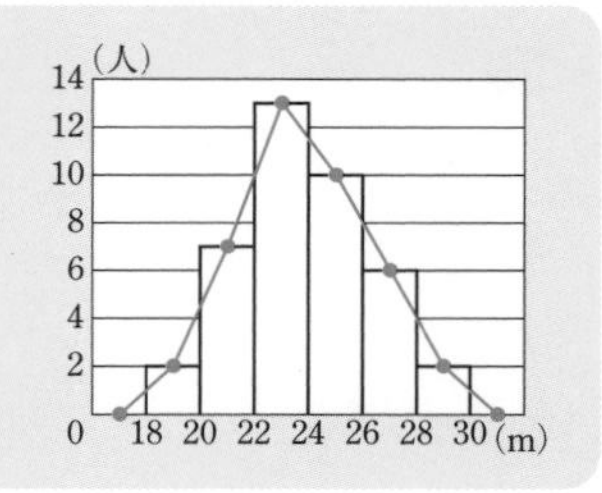

解説 (1)各階級の度数の和を求めると，

2＋7＋13＋10＋6＋2＝40(人)

(2)最頻値は度数の最も多い階級22m 以上24m 未満の階級値で，

$\frac{22+24}{2}=23(\text{m})$

(3)度数折れ線(度数分布多角形)は，各階級の長方形の上の辺の中点を結ぶ。また，16m 以上18m 未満と30m 以上32m 未満の階級の度数を 0 と考え，横軸に点をとる。

3 (1)20通り　(2) $\frac{2}{5}$　(3) $\frac{2}{5}$

解説 (1)できる 2 けたの整数は，12，13，14，15，21，23，24，25，31，32，34，35，41，42，43，45，51，52，53，54の20通り。

4 (1) $\frac{2}{5}$　(2) $\frac{8}{15}$

解説 男子を A，B，C，D，女子を e，f として，すべての組み合わせを求めると，

(A，B)，(A，C)，(A，D)，(A，e)，(A，f)，
(B，C)，(B，D)，(B，e)，(B，f)，
(C，D)，(C，e)，(C，f)
(D，e)，(D，f)，
(e，f)　の15通り。

(1) 2 人とも男子が選ばれるのは 6 通り。

(2)男子と女子が 1 人ずつ選ばれるのは 8 通り。

5 (ア)B　(イ)C　(ウ)A

解説 (ア)は中央より右寄りに山があり，(イ)は中央に山があり左右対称，(ウ)は中央より左寄りに山がある。データの分布のようすや中央値などから，(ア)はB，(イ)はC，(ウ)はAである。

p.42 総復習テスト 第1回

1 (1) -1 (2) -31 (3) $-\frac{3}{5}$ (4) $-12x^3y$
(5) $5x+2y$ (6) $\frac{4x+7y}{12}$

解説 (1) $6-9-(-2)=6-9+2=8-9=-1$

(2) $5+4\times(-3^2)=5+4\times(-9)=5-36=-31$

(3) $\frac{7}{15}\times(-3)+\frac{4}{5}=-\frac{7}{5}+\frac{4}{5}=-\frac{3}{5}$

(4) $x^3\times(6xy)^2\div(-3x^2y)$
$=-\frac{x^3\times36x^2y^2}{3x^2y}=-12x^3y$

(5) $3(2x-y)-(x-5y)=6x-3y-x+5y$
$=6x-x-3y+5y$
$=5x+2y$

(6) $\frac{2x+y}{4}-\frac{x-2y}{6}=\frac{3(2x+y)-2(x-2y)}{12}$
$=\frac{6x+3y-2x+4y}{12}$
$=\frac{4x+7y}{12}$

2 (1) $x=-12$ (2) $x=3$, $y=5$
(3) $y=-2x+3$ (4) -12 (5) $144°$

解説 (1)両辺に3をかけて分母をはらうと,
$3(x-7)=4x-9$
$3x-21=4x-9$
$3x-4x=-9+21$
$-x=12$
$x=-12$

(2) $\begin{cases} 7x-3y=6 & \cdots① \\ x+y=8 & \cdots② \end{cases}$

$$\begin{array}{lrl} ① & 7x-3y & =6 \\ ②\times3 & +)\ 3x+3y & =24 \\ \hline & 10x & =30 \\ & x & =3 \end{array}$$

$x=3$ を②に代入して,
$3+y=8$, $y=8-3=5$

(3) $4x+2y=6$ ⇨ $2y=-4x+6$
⇨ $y=-2x+3$

(4)与えられた式を簡単にすると,
$12x^3y^2\div(-3x^2y)\times2y=-\frac{12x^3y^2\times2y}{3x^2y}$
$=-8xy^2$
これに $x=6$, $y=-\frac{1}{2}$ を代入すると,
$-8\times6\times\left(-\frac{1}{2}\right)^2=-8\times6\times\frac{1}{4}=-12$

(注意) 負の数や累乗に分数を代入するときは,必ずかっこをつけて代入する。

(5)側面のおうぎ形の弧の長さは底面の円周の長さに等しいから,**おうぎ形の中心角を $x°$** とすると,
$2\pi\times5\times\frac{x}{360}=2\pi\times2$
$x=360\times\frac{2\pi\times2}{2\pi\times5}$
$x=144$

3 (1)38人
(2)男子生徒数…90人,女子生徒数…85人

解説 (1)**クラスの人数を x 人**として,材料費についての方程式をつくる。
$300x+2600=400x-1200$
両辺を100でわると,
$3x+26=4x-12$
$3x-4x=-12-26$
$-x=-38$
$x=38$
よって,クラスの人数は38人で,これは問題にあてはまる。

(2) 3年生の人数の関係とテニス部員の人数の関係から連立方程式をつくる。
a% ⇨ $\frac{a}{100}$ より,10% ⇨ $\frac{10}{100}=0.1$
男子生徒数を x 人,女子生徒数を y 人とすると,
3年生の人数から,$x+y=175$ …①
テニス部員の人数から,$0.1x+0.2y=26$
両辺に10をかけて,$x+2y=260$ …②
①と②を連立方程式として解くと,
②−①より,$y=85$
$y=85$ を①に代入して,$x+85=175$,$x=90$
よって,男子生徒数は90人,女子生徒数は85人で,これは問題にあてはまる。

4 (1) $y=20x\ (0\leqq x\leqq6)$
(2) $y=-20x+440\ (16\leqq x\leqq22)$
(3)下の図

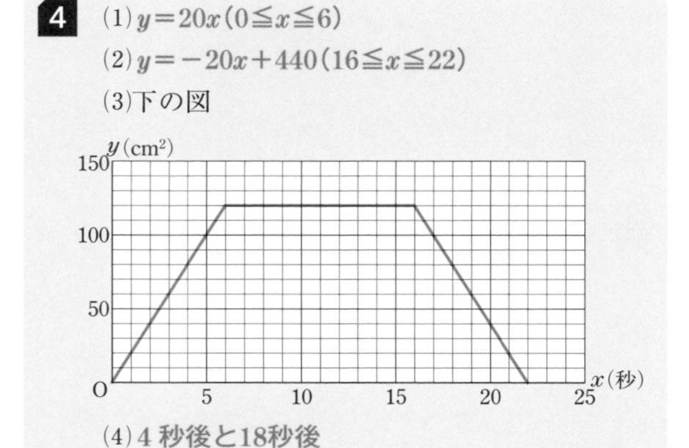

(4) 4秒後と18秒後

解説 点Pは秒速2cmだから,x 秒間に $2x$cm進む

ことに注意する。

(1)点Pが頂点Bに着くまでに，
$12\div2=6$(秒)かかる。

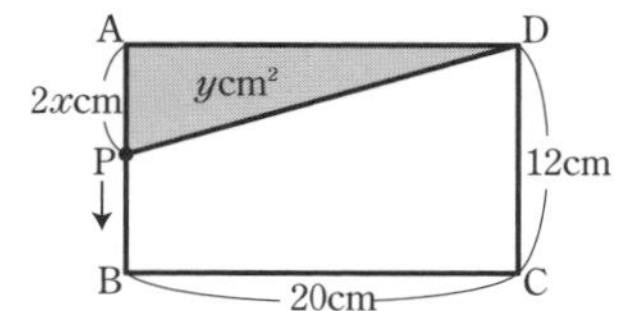

よって，
$\triangle APD=\frac{1}{2}\times20\times2x$ より，
$y=20x\,(0\leqq x\leqq6)$

(2)点Pが頂点Cに着くのは，
$(12+20)\div2=16$
(秒後)，頂点Dに着くのは，
$(12+20+12)\div2=22$(秒後)

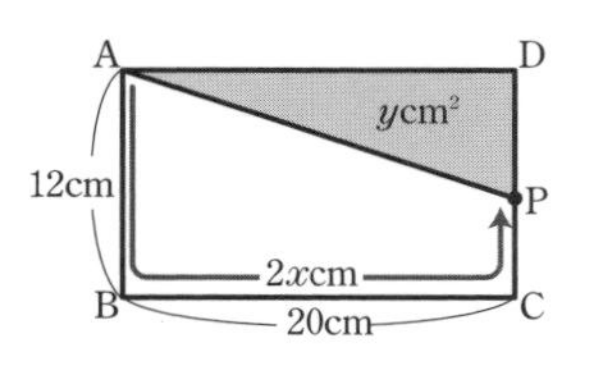

また，△APDの高さPDは，
$(12+20+12)-2x=44-2x$(cm)
よって，$\triangle APD=\frac{1}{2}\times20\times(44-2x)$ より，
$y=-20x+440\,(16\leqq x\leqq22)$

(3)点Pが辺BC上にあるとき，△APDの高さは12cmで一定だから，$\triangle APD=\frac{1}{2}\times20\times12$ より，$y=120$
グラフはx軸に平行になる。

(4)$y=20x$ と $y=-20x+440$ に $y=80$ を代入して求めてもよいが，グラフから読みとれる。

5 (1)$\frac{1}{6}$ (2)$\frac{11}{12}$ (3)$\frac{5}{36}$

解説 すべての目の出方は36通りで，右の表のようになる。

A＼B	1	2	3	4	5	6
1	(1,1)	(1,2)	(1,3)	(1,4)	(1,5)	(1,6)
2	(2,1)	(2,2)	(2,3)	(2,4)	(2,5)	(2,6)
3	(3,1)	(3,2)	(3,3)	(3,4)	(3,5)	(3,6)
4	(4,1)	(4,2)	(4,3)	(4,4)	(4,5)	(4,6)
5	(5,1)	(5,2)	(5,3)	(5,4)	(5,5)	(5,6)
6	(6,1)	(6,2)	(6,3)	(6,4)	(6,5)	(6,6)

(1)和が7になるのは，図のななめの線をひいた部分の6通り。
よって，求める確率は，$\frac{6}{36}=\frac{1}{6}$

(2)積が26以上になるのは，図の○をつけた3通り。
よって，求める確率は，$1-\frac{3}{36}=\frac{11}{12}$

(3) $10a+b$ が8の倍数になるのは，16，24，32，56，64の5通り。
よって，求める確率は$\frac{5}{36}$

6 (1)$\angle x=134°$ (2)$\angle x=70°$
(3)$\angle x=105°$ (4)$\angle x=54°$

解説 (1)**円の接線は，その接点を通る半径に垂直**だから，四角形APBOの内角の和より，

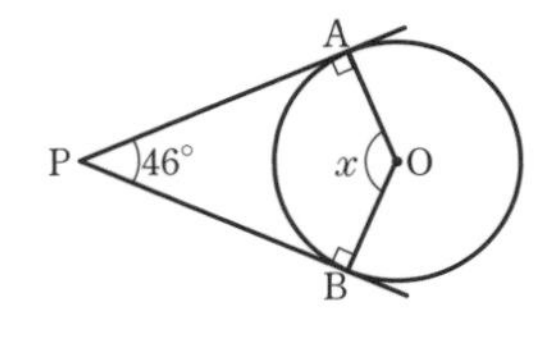

$46°+90°+90°+\angle x=360°$，$\angle x=134°$

(2)右の図のように，**∠xの頂点を通り，ℓとmに平行な直線**をひく。

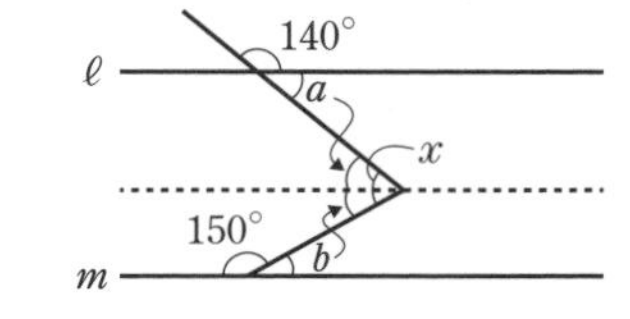

図で，一直線の角だから，
$\angle a=180°-140°=40°$
$\angle b=180°-150°=30°$
平行線の錯角は等しいから，
$\angle x=\angle a+\angle b=40°+30°=70°$

(3)**多角形の外角の和は360°**だから，右の図で，
$60°+80°+75°+70°+\angle a=360°$，
$\angle a=75°$
一直線の角だから，
$\angle x=180°-\angle a$
$=180°-75°=105°$

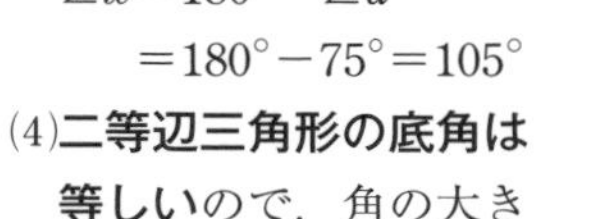

(4)**二等辺三角形の底角は等しい**ので，角の大きさを書き入れると，右のようになる。三角形の内角の和より，

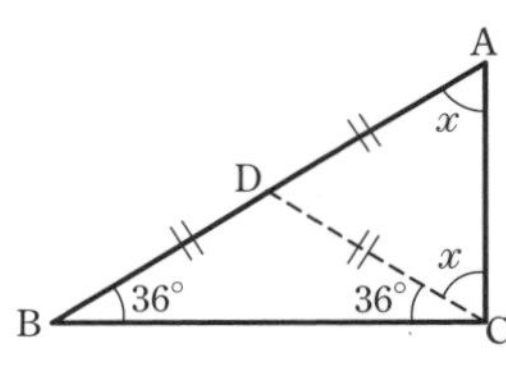

$2\angle x+36°\times2=180°$，$\angle x=54°$
(確認) $\angle C=36°+54°=90°$である。

7 **(証明) △ABEと△CDFで，**
平行四辺形の対辺は等しいから，
AB＝CD …①
仮定より，∠AEB＝∠CFD＝90° …②
また，AB∥DCより，錯角は等しいから，
∠ABE＝∠CDF …③
①，②，③より，直角三角形の斜辺と1鋭角がそれぞれ等しいので，
△ABE≡△CDF

解説 仮定より，∠AEB＝∠CFD＝90°だから，直角三角形の合同条件を利用する。
(直角三角形の合同条件)
①斜辺と他の1辺がそれぞれ等しい。
②斜辺と1鋭角がそれぞれ等しい。

p.45 総復習テスト 第2回

1 (1) 5　(2) -13　(3) $x+2y$　(4) $\frac{5x-13y}{14}$

解説 (1) $7\times2-9=14-9=5$

(2) $-5^2+18\div\frac{3}{2}=-25+18\times\frac{2}{3}$
$=-25+12=-13$

(3) $3(x+6y)-2(x+8y)=3x+18y-2x-16y$
$=3x-2x+18y-16y$
$=x+2y$

(4) $\frac{x-y}{2}-\frac{x+3y}{7}=\frac{7(x-y)-2(x+3y)}{14}$
$=\frac{7x-7y-2x-6y}{14}$
$=\frac{5x-13y}{14}$

2 (1) 8個　(2) $b=800-60a$
(3) $a=\frac{3}{2}$, $b=-\frac{13}{8}$　(4) $y=9$　(5) $\frac{4}{9}$

解説 (1) $\frac{2020}{n}$が偶数となるには，
$\frac{2020}{n}=\frac{2^2\times5\times101}{n}=2\times\left(\frac{2\times5\times101}{n}\right)$より，
$\frac{2\times5\times101}{n}$が整数になればよい。
したがって，nは分子の約数になればよいから，
$n=1$, 2, 5, 101, 2×5, 2×101, 5×101,
$2\times5\times101$
の8個ある。

(2) **(道のり)＝(速さ)×(時間)**を利用する。
毎分60mでa分間歩いた道のりは，
$60\times a=60a$(m)

(3) 連立方程式 $\begin{cases}ax+by=11\\ax-by=-2\end{cases}$ に$x=3$, $y=-4$
を代入すると，$\begin{cases}3a-4b=11 & \cdots①\\3a+4b=-2 & \cdots②\end{cases}$
これを，a, bについての連立方程式として解くと，
①＋②より，$6a=9$, $a=\frac{3}{2}$
①－②より，$-8b=13$, $b=-\frac{13}{8}$

(4) 比例の式を$y=ax$とおき，$x=2$, $y=-6$を代入すると，$-6=2a$, $a=-3$
$y=-3x$に$x=-3$を代入して，
$y=-3\times(-3)=9$

(5) 赤玉を①，②，白玉を③として，すべての組み合わせを求めると，
(①，①)，(①，②)，(①，③)，(②，①)，
(②，②)，(②，③)，(③，①)，(③，②)，
(③，③)　の9通り。
2回とも赤玉がでるのは，(①，①)，(①，②)，
(②，①)，(②，②)　の4通り。
よって，求める確率は$\frac{4}{9}$

3 (1) 400円
(2) 例 $\begin{cases}x+y=50 & \cdots①\\\frac{1}{2}x+\frac{1}{3}y=23 & \cdots②\end{cases}$
②×6より，$3x+2y=138$　…③
①×2より，$2x+2y=100$　…④
③－④より，$x=38$
$x=38$を①に代入して，$38+y=50$, $y=12$
㊟ Aさん…38本，Bさん…12本

解説 (1) 大人1人の入園料と子ども1人の入園料の比が5：2だから，大人1人の入園料を$5x$円，子ども1人の入園料を$2x$円とすると，
$5x-2x=600$, $3x=600$, $x=200$
よって，子ども1人の入園料は，
$2\times200=400$(円)

4 (1) $y=-x+4$　(2) $y=\frac{3}{2}x+3$
(3) $\left(\frac{2}{5}, \frac{18}{5}\right)$　(4) $\frac{54}{5}\text{cm}^2$　(5) $y=-6x+6$

解説 (1) 点(0, 4)，(4, 0)を通るから，傾き-1，切片4の直線である。
よって，直線ℓの式は，$y=-x+4$

(2) 点(0, 3)，$(-2, 0)$を通るから，傾き$\frac{3}{2}$，切片3の直線である。
よって，直線mの式は，$y=\frac{3}{2}x+3$

(3) 2直線ℓ，mの式を連立方程式として解く。
$\begin{cases}y=-x+4 & \cdots①\\y=\frac{3}{2}x+3 & \cdots②\end{cases}$
①を②に代入して，$-x+4=\frac{3}{2}x+3$, $x=\frac{2}{5}$
$x=\frac{2}{5}$を①に代入して，
$y=-\frac{2}{5}+4=-\frac{2}{5}+\frac{20}{5}=\frac{18}{5}$

(4) **AB＝4－(－2)＝6(cm)を底辺とみると高さは点Pのy座標**だから，面積は，
$\frac{1}{2}\times6\times\frac{18}{5}=\frac{54}{5}$(cm^2)

(5) **線分ABの中点と点Pを通る直線の式を求める。**
線分ABの中点をMとすると，Mの座標は(1, 0)

である。求める直線の式を $y=ax+b$ とおいて，
点Pの座標を代入すると，

$\frac{18}{5}=\frac{2}{5}a+b$ より，$2a+5b=18$ …①

点Mの座標を代入すると，

$0=a+b$ より，$a+b=0$ …②

①−②×2 より，$3b=18$，$b=6$

$b=6$ を②に代入して，$a+6=0$，$a=-6$

よって，求める直線の式は，$y=-6x+6$

5 (1)85% (2)x…6，y…8

解説 (1)新聞を読んだ時間が40分以上の生徒の数は
$4+2=6$(人)だから，40分未満の生徒の数は，
$40-6=34$(人)
全体の人数は40人だから，40分未満の生徒の割合は，$34\div40=0.85$ より，85%

(2)**相対度数＝$\frac{\text{その階級の度数}}{\text{度数の合計}}$** である。
10分以上20分未満の階級の度数は x 人だから，この階級の相対度数が0.15より，

$\frac{x}{40}=0.15$，$x=6$

これより，

$y=40-(4+6+16+4+2)=40-32=8$

6 (1)体積…63πcm^3，表面積…60πcm^2
(2)体積…100πcm^3，表面積…90πcm^2

解説 (1)できる立体は，底面の半径 3 cm，高さ 7 cm の円柱である。体積は，

$\pi\times3^2\times7=63\pi$(cm^3)

表面積は，右の展開図より，

$7\times6\pi+\pi\times3^2\times2$
$=60\pi$(cm^2)

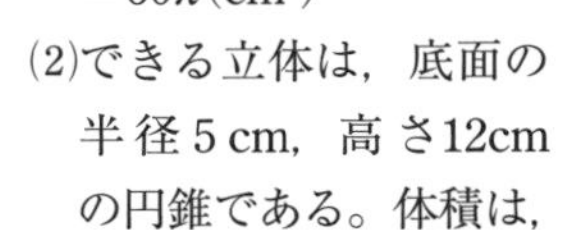

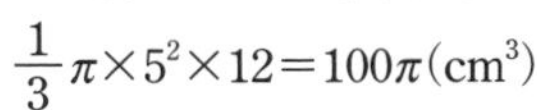

(2)できる立体は，底面の半径 5 cm，高さ12cm の円錐である。体積は，

$\frac{1}{3}\pi\times5^2\times12=100\pi$(cm^3)

表面積は右の展開図より，

$\frac{1}{2}\times10\pi\times13$
$+\pi\times5^2$
$=90\pi$(cm^2)

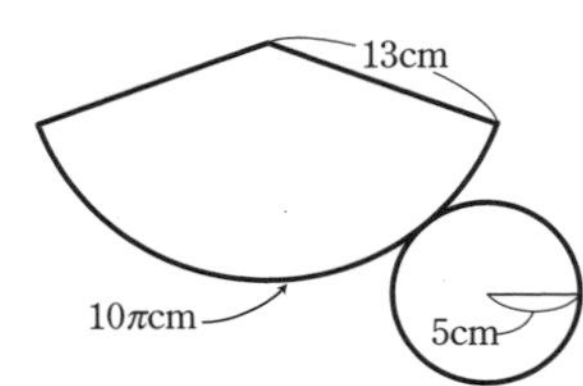

(確認) 円錐の側面であるおうぎ形の面積は，

$\frac{1}{2}$×(おうぎ形の弧の長さ)×(半径)

で求めるとよい。

(別解) 側面のおうぎ形の面積は，

$\pi\times13^2\times\frac{10\pi}{26\pi}=65\pi$(cm^2) と求めてもよい。

7 右の図

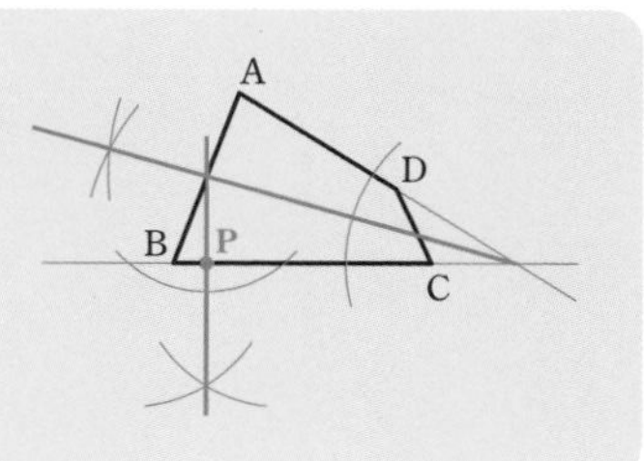

解説 右の図で，条件を満たす円の中心Oは，直線ADと直線BCとの交点をEとすると，∠AEBの二等分線と辺ABとの交点になる。

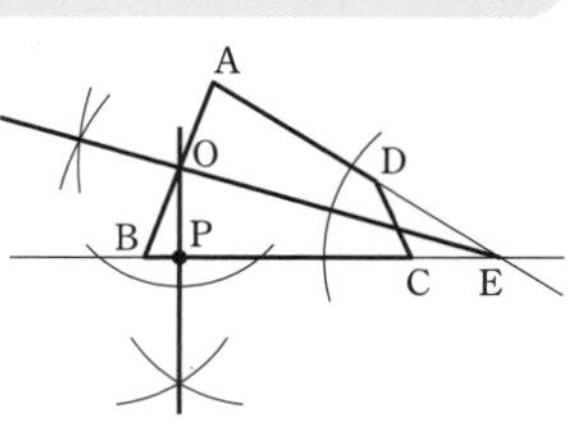

また，接点Pは点Oから辺BCにひいた垂線と辺BCとの交点になる。

(確認) 右の図で，∠AOBの2辺OA，OBまでの距離が等しい点は，**∠AOBの二等分線上**にある。

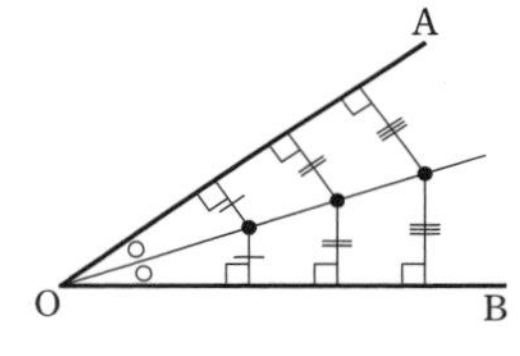

(確認) 円の接線は，**接点を通る半径に垂直**である。
右の図で，$\ell\perp$OA

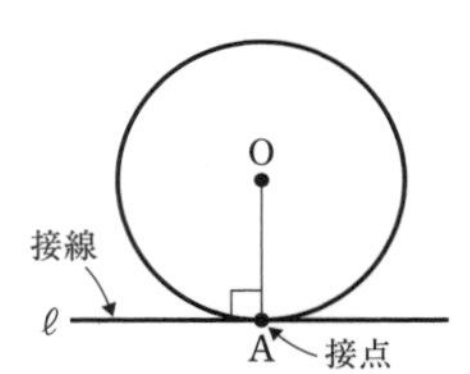

8 **(証明)** △ABCはAB＝ACの二等辺三角形だから，底角は等しく，
∠ABC＝∠ACB＝(180°−36°)÷2＝72°
CDは，∠ACBの二等分線だから，
∠DCA＝72°÷2＝36°
△ADCで，三角形の内角と外角より，
∠BDC＝∠DAC＋∠DCA
＝36°＋36°＝72°
ところで，∠DBC＝∠ABC＝72°だから，
∠BDC＝∠DBC＝72°
よって，2つの角が等しいので，△CDBは二等辺三角形である。
したがって，CD＝CB

10日間完成

中1・2の総復習 数学

［改訂版］

Gakken